做人要低调 说话要幽默

孙郡锴 / 编著

中国华侨出版社

图书在版编目（CIP）数据

做人要低调，说话要幽默/孙郡锴编著．—北京：中国华侨出版社，
2010.1
ISBN 978 – 7 – 5113 – 0195 – 6

Ⅰ．做… Ⅱ．孙… Ⅲ．①人生哲学—通俗读物 ②语言艺
术—通俗读物 Ⅳ．①B821 – 49②C912.1 – 49

中国版本图书馆 CIP 数据核字（2009）第 243061 号

● 做人要低调，说话要幽默

编　著/孙郡锴
责任编辑/文　心
责任校对/钱志刚
经　销/新华书店
开　本/710×1000 毫米　1/16　印张 15　字数 220 千字
印　数/5001–10000
印　刷/北京一鑫印务有限责任公司
版　次/2013 年 5 月第 2 版　2018 年 3 月第 2 次印刷
书　号/ISBN 978 – 7 – 5113 – 0195 – 6
定　价/29.80 元

中国华侨出版社　　北京市朝阳区静安里 26 号通成达大厦 3 层　　邮编 100028
法律顾问：陈鹰律师事务所
编辑部：（010）64443056　　64443979
发行部：（010）64443051　　传真：64439708
网　址：www.oveaschin.com
e-mail：oveaschin@sina.com

前　言

　　顺畅的人生少不得为人的低调，快乐的生活少不得风趣的语言。做人要低调，说话要幽默是人生成功和快乐的两大要素，它看起来似乎是个老生常谈的话题，抑或是一组平常的字眼，却蕴藏着人生得失的厚重内涵，绝对是为人处世的一大玄机。低调显示一个人成熟稳重，幽默显示一个人豁达睿智。毋庸置疑，这是一个人素质的体现，也是人生之旅能否顺风扬帆的关键。

　　所谓低调，是一种人生姿态，是俯下身躯却胸怀大志的行动，是谦逊有礼却心胸高远的气概，是退让有节却勇于进取的情怀。低调不是窝囊，也不是低贱，更不是低人一等，而是生活中高超的处世智慧。低调的人并不是与世隔绝，而是在社会交往中保持了一个真实的自我，他们不矫揉造作，他们不惺惺作态，这使他们在这个充满诱惑的世界上不至于迷失自我，易于被人接受。商界巨子李嘉诚，在他的儿子李泽楷进入商界时曾有过这样一句诫训："树大招风，低调做人。"道出了"风头不可出尽，便宜不可占尽"的道理，也昭示着理解低调做人的真谛，将注定你能在良好的保护自我中从容地进取人生。

　　说话幽默是反映一个人在说话时所表现出的诙谐，风趣的特点，它是一个人机敏，睿智的反映。其重要功能在于不仅是人与人交流之中幸福感的润滑剂，还可以帮助人们在某些复杂的情境中，缓解气氛，摆脱难堪或尴尬。在任何场合，说话幽默的人总会赢得他人的好感，获得众多的支持和理解。因此可以说，说话幽默，便拥有了一笔巨大的财富，它能给人带来许多意想不到的收获，使其终身受益。

总之，做人要低调，说话要幽默，是处世的真言，进取的良方，成功的法宝。为人低调的人必定顺畅无碍，说话幽默的人必定受人欢迎。

本书紧紧围绕做人低调与说话幽默的核心内容，进行了清晰地讲述。文中语言朴实流畅，案例生动新颖。相信通过阅读本书，必将会使读者获得良好的感悟与启迪，从而为打造美好的人生提供极大的益处。

目 录

上篇：做人要低调：低调才能达高标

第一章　低调就是要脚踏实地地做事 ………………………… 2

   1. 眼高手低害人不浅 / 2

   2. 低调为高标的起点 / 5

   3. 成功需要踏实的双脚，而不是幻想的翅膀 / 8

   4. 要理解实干重于虚名的意义 / 11

   5. 低下头去做才有出路 / 13

   6. 做一个勤奋、踏实的糊涂人 / 16

   7. 有低调的态度才能做好乏味的工作 / 17

第二章　适应环境的人是真正的智者 ………………………… 20

   1. 改变不了的事那就接受它 / 20

   2. 是金子总会发光的 / 22

3. 适者生存，不是强者生存 / 23

4. 在困难面前，学会忍耐 / 26

5. 世事洞明皆学问，人情练达即文章 / 28

6. 要学会从多个角度考虑问题 / 30

7. 别给自己制造敌人 / 33

第三章　低下高傲的头才能挺起不屈的腰 …………………… 36

1. 何妨把鲜花让给其他人 / 36

2. 不要随意卖弄自我 / 38

3. 不要企图替你的上司做决定 / 40

4. 要懂得过满则溢的道理 / 43

5. 骄傲是无知的表现 / 46

6. 若真有本事，又何须炫耀 / 48

7. 耍小聪明只会自食其果 / 50

第四章　低调做人从低调说话开始 …………………… 53

1. 学会面带微笑去说话 / 53

2. 没有人喜欢被强迫 / 55

3. 把别人说成多好他就有多好 / 57

4. "场面话"不是可有可无的 / 59

5. 场面上要注意礼节和措辞 / 61

6. 自我介绍要得体 / 62

7. 生活中每一次谈话都要注意倾听 / 63

第五章 把忍让当做一种生存智慧 ……………………… 65

1. 遇事低头就没有过不去的桥 / 65
2. 肯退一步才能进一步 / 67
3. 学会以隐忍的态度做人 / 69
4. 做个表面的弱者又有何妨 / 71
5. 忍住即将爆发的激动情绪 / 72
6. 要明白人生的风险无处不在 / 74
7. 尽量不做出头的椽子 / 76

第六章 把个性与任性严格区分开来 ……………………… 78

1. 有个性并非意味着异于常人 / 78
2. 不必羡慕别人 / 81
3. 完善你自己 / 82
4. 将好的一面发扬光大 / 85
5. 言行不要太出格 / 87
6. 简化自己的生活 / 90
7. 从卑微处修身养性 / 93

第七章 不要小瞧任何人 ……………………………… 96

1. 不要单以相貌衡量他人 / 96

2. 要知道任何人都不是傻瓜 / 98

3. 不要看轻所谓的失败者 / 101

4. 总想着占人便宜的人会吃大亏 / 103

5. 雪中送炭者必有厚报 / 106

6. 不要小看小人物的力量 / 108

7. 看人时不要只看短处 / 111

下篇：说话要幽默：幽默让你备受欢迎

第一章　幽默给你的口才插上魅力的翅膀·················· 116

1. 一句幽默胜过十句说教 / 116

2. 幽默可以有效地调节气氛 / 118

3. 幽默让说话上升到艺术的高度 / 121

4. 幽默让你苦中有乐 / 123

5. 幽默可以成为控制情绪的工具 / 125

6. 幽默能减轻你的痛苦 / 126

7. 运用幽默改善与他人的关系 / 129

第二章　幽默让形象更加高大 ················· 131

1. 幽默可以提升个人的魅力 / 131

2. 幽默的人更有风度 / 133

3. 幽默展示你的知识和品位 / 135

4. 有内涵的幽默能展示你的影响力 / 137

5. 幽默是构成个人活力的重要因素 / 139

6. 幽默的人容易接近 / 141

7. 幽默在闲暇交谈中尽显个人风采 / 143

第三章　幽默让你的智慧闪光 …………………………… 146

1. 幽默是思想与现实擦出的智慧火花 / 146

2. 幽默能加强你的应变能力 / 147

3. 施展大智若愚式的幽默 / 149

4. 幽默是机智和才能的完美组合 / 152

5. 幽默要具备超然一切的态度 / 155

6. 幽默是智慧的另一种表现 / 156

7. 幽默展现突破常规的思维 / 159

第四章　幽默是说服他人的敲门砖 …………………… 163

1. 幽默的劝导最有效 / 163

2. 用幽默化解冲突 / 164

3. 谈判中幽默地说服对手 / 165

4. 含而不露，掩藏锋芒 / 167

5. 大事化小，小事化了 / 169

  6. 用反问式幽默折服对方 / 170

  7. 用幽默促人自悟 / 172

第五章　用幽默助你摆脱尴尬 ·············· 175

  1. 让尴尬在幽默中消失 / 175

  2. 用幽默摆脱沉闷的气氛 / 176

  3. 假装糊涂，幽幽默默 / 177

  4. 以平常心化解尴尬 / 180

  5. 用幽默化解难堪 / 181

  6. 别人指责你时要冷静 / 183

  7. 用幽默辩解自己的失败 / 188

  8. 风趣地对待他人的过失 / 191

  9. 巧妙地为自己解脱 / 192

第六章　让幽默成为你的一种表达方式 ·············· 195

  1. 巧用幽默来表达看法 / 195

  2. 用幽默含沙射影地表达观点 / 197

  3. 运用幽默表达真正意图 / 199

  4. 在幽默中轻松说理 / 202

  5. 用幽默将批评包装起来 / 203

  6. 幽默表达仁爱之情 / 204

  7. 用幽默含蓄表达自己想说的话 / 206

8. 学会幽默地赞美 / 208

第七章　用幽默调剂你的工作 ···················· 210

1. 幽默地自我宣传，大胆地自我推销 / 210

2. 利用幽默缓解工作压力 / 212

3. 幽默面对工作中的困难 / 214

4. 让老板笑口常开 / 216

5. 获得领导赏识的幽默术 / 217

6. 用幽默拉近与上司的距离 / 219

7. 用幽默树立办公室里好人缘 / 220

8. 委婉表达对同事的意见 / 222

9. 幽默让你显得平易近人 / 224

10. 幽默能彰显你管理的人性化 / 225

上篇
做人要低调:低调才能达高标

◎ 第一章　低调就是要脚踏实地地做事

◎ 第二章　适应环境的人是真正的智者

◎ 第三章　低下高傲的头才能挺起不屈的腰

◎ 第四章　低调做人从低调说话开始

◎ 第五章　把忍让当做一种生存智慧

◎ 第六章　把个性与任性严格区分开来

◎ 第七章　不要小瞧任何人

第一章　低调就是要脚踏实地地做事

就做事的风格而言，有的人习惯于投机钻营，有的人习惯于稳步前进；有的人好高骛远，有的人喜欢脚踏实地。其结果往往也体现出这样的规律：越是放低调门、眼睛向下踏实做事的人，越能登得高、走得远。

1. 眼高手低害人不浅

"千里之行，始于足下"，要想成就大事就必须要从小事做起，眼高手低是做人做事的大忌，只有脚踏实地才能把梦想化为现实。

有些人总是有很高的梦想，他们不屑于眼前的这些小事。旁人在他们眼中，也大多是一群庸庸碌碌之辈，谈不上有什么共同语言。但在最初交往时，人们往往会被他们表面的雄心壮志所迷惑，老板也会认为他们是难得的栋梁之材。而事实上，他们眼高手低，大部分时间都沉浸在自己宏伟的梦想中，长此以往，他们不能也不会做出什么成就，曾经的雄心壮志难免会变成同事们茶余饭后的玩笑。除非他们幡然悔悟、奋起直追，否则，等待他们的往往是慢慢沉沦，或者跳到其他的公司去继续发牢骚，即使这样，同样的悲剧也难免再次上演。

郭英毕业于某大学外语系，她一心想进入大型的外资企业，最后却不得不到了一家成立不到半年的小公司"栖身"。心高气傲的郭英根本没把这家小公司放在眼里，她想利用试用期"骑马找马"。

在郭英看来，这里的一切都不顺眼——不修边幅的老板，不完善的管理制度，土里土气的同事……自己梦想中的工作可完全不是这么回事啊。"怎么回事？""什么破公司？""整理文档？这样的小事怎么让我这个外语系的高材生做呢？""这么简单的文件必须得我翻译吗？""就一篇小报告而已，为什么自己不写要我帮忙呢？""噢，我受不了了！"

就这样，郭英天天抱怨老板和同事，双眉不展、牢骚不停，而实际的工作却常常是能拖则拖，能躲就躲，因为这些"芝麻绿豆的小事"根本就不在她的思考范围之内，她梦想中的工作应该是一言定千金的那种。呵，梦想为什么那么远呢？

试用期很快过去，老板认真地对她说："我们认为，你确实是个人才，但你似乎并不喜欢在我们这种小公司里工作，因此对手边的工作敷衍了事。既然如此，我们也没有理由挽留你。对不起，请另谋高就吧！"

被辞退的郭英这才清醒过来，当初自己应聘到这家公司也是费了不少力气的，而且，就眼前的就业形势，再找一份像这样的工作也很困难啊。初次工作就以"翻船"而告终，这让郭英万分失望与后悔，可一切都已晚矣！

有些人则不同，他们也有很高的梦想，但他们不会每天都深陷于幻想中难以自拔，他们会制订好切实可行的计划，从现在的工作开始做起，从一点一滴的小事做起，并这样毫不松懈地坚持下去。他们知道除非是他们努力把事情做成，否则什么也不会发生。就这样，他们一步步地默默努力着。终于有一天，他们晋升成为公司的骨干，所有人都不禁会大吃一惊，但仔细回想，这一切其实纯属正常，毕竟天助自助者。梦想对于他们，已经变成了活生生的现实。

李妍就是靠低调的做人风格，踏实的工作态度，让自己脱颖而出的。

李妍大学一毕业就去了南方，然后顺利地在一家跨国公司找到了一个职位。

上班的第一天，李妍就发誓要让自己成为公司里的不可或缺者之一。

负责的工作是档案管理，资源管理专业出身的她很快就发现了公司在这方面存在的弊端。她开始连夜加班，大量查阅资料，运用所学的理论知识写出一份系统的解决方案，并将公司内部工作运行流程、市场营销方式以及后勤事务的规范，也整理出一套完整的方案，然后一并发到行政经理的电子信箱中。没过几天，行政经理就请她到公司的餐厅喝咖啡，离开时语重心长地拍了拍她的肩头："公司对勤奋的人，向来是给予足够的空间施展才华的，好好努力。"

李妍更加勤奋地努力工作。公司想竞标一个大商厦周围的霓虹灯方案，同事们整天翻案例找朋友，忙得焦头烂额。李妍白天做自己分内的工作，晚上却通宵不眠熬红了眼做方案文书。竞标前一天交方案时，李妍去得最晚，行政经理不解："你们部门已经交来了。"李妍充满信心地看着他说："这是不一样的！"竞标的当天，各种方案一下子被否决掉好几份，公司高层开始紧张，决定试试李妍的方案。这一试就让李妍为公司立下了汗马功劳。

第二天，消息就传遍了整个公司，大家都知道了人事资料管理科有个叫李妍的人很出色。

一个月之后，公司人事大调整，原来的部门经理调去别的部门，新来的行政任命文件上赫然印着李妍的名字。在同事们复杂的眼光里，李妍收拾好自己的东西，迈着悠闲的脚步走进了18层那间豪华的办公室。

想一想你周围的人们，像郭英或者李妍这样两种截然不同的人应该都不在少数。也许你会对那些刚开始豪情万丈的人充满由衷的向往，忍不住在心中勾画起自己的蓝图来。这样做是没有错，每个人都应该有自己的理想，但理想一定要切合实际，更重要的是，你要做好行动的计划和准备，要通过自己的努力实现理想。因此，那些像蜜蜂般踏实努力工作，并取得了一定成绩的人才是真正值得我们去学习的。毕竟，每个人来公司都是要做一些事情的，只有空想是不行的，如果每天都沉浸在自己的梦想中，以至于耽误了正常的工作，想做的还做不到，该做的又不去做，老板会继续需要你吗？同事们会视而不见，毫无怨言吗？

一个浮躁、眼高手低的人是很难做到低调的，大多数年轻人抱着过高的目标接触现实环境时，感到处处不如意，事事不顺心，于是就整天高调地抱怨。也许，这样的人只有在理解了低调的内涵时，才会减少一些碰壁的机会。

2. 低调为高标的起点

你可以在心中给自己一个较高的定位，但在具体地为人做事时，如果你降低姿态，你就会发现人性中那一面面光辉的心灵之镜都愿意照亮你前行的路。你可以有自己的高标追求、高标处世之风，但低调做人，不彰显自己的优势才可能像一棵树一样，用根系从更低更深处吸取养料，让树茎和树冠向更高、更辉煌的地方延伸。如果你只顾让自己人性的树冠长的蓬蓬勃勃，枝繁叶茂，而忘记了那些可以供给你养料的大地，你的根系就会萎缩，只要有风吹浪打，你这棵树定会摇摇欲坠，无法立足。所以，低调做人是高标生存的起点。

"卧薪尝胆"的故事也许人们早已烂熟于心，其实，这何尝不是一个低调做人的典范，不是一个重新确立自己的处世姿态并从低基点起步发愤的惊警案例？

公元前494年，吴王夫差为报越国杀父之仇，亲率大军进攻越国。越国勾践率军迎战，在夫椒对阵。结果吴军得胜，顺势攻破越国国都会稽，俘虏了越王勾践。

吴王夫差为了实现霸业，显示自己的宽宏大量，决定不杀勾践，只派他在吴国的宫里养马。勾践带着夫人和相国范蠡天天小心谨慎地为吴王当马夫。有一次，吴王夫差生了一场大病，勾践殷勤服侍。夫差见他"忠诚"，就放勾践回国。回国后，勾践一心要报仇雪耻。他重新定都会稽，委派文种管理内政，任命范蠡训练军队，加强战备。

勾践唯恐眼前的舒服会把自己的志气消磨掉，就改变了日常生活，把软绵绵的褥子撤去，以草作褥。在吃饭的地方挂上一个苦胆，每逢吃饭时，先尝一尝苦味，提醒自己不忘雪耻。亡国以后，人口减少了，为了增加人口，勾践就订出几条奖赏生养的条例。例如：上了年纪的人不准娶年轻姑娘做媳妇；男子到了二十岁，女子到了十七岁，还不成亲的，他们的父母要受处罚；快要临盆的女人，必须报官，好派官医前去照顾她；添个儿子，国王赏她二壶酒，一头猪；添个姑娘，国王赏她一壶酒，一头小猪；有两个儿子的，官家代养一个；有三个儿子的，官家代养两个。耕种的时候，越王还亲自拿锄头在地里干活，目的是让庄稼汉提起精神，加把劲种地，多存粮食。国王的夫人也走出去，看望织布纺线的姑娘和老人们，没事时，自己也在宫里织布。七年里，国家免收捐税，越王自己穿衣、吃饭也处处节省。

而此时吴王夫差却自以为成了霸主，骄傲起来，一味贪图享乐。

公元前482年，夫差带着精兵去黄池会盟，一心想早日成为霸主。这时，越国已十分强盛了。勾践见时机已成熟，便乘机出兵打败了吴国，成为春秋末期的霸主。

在夫差面前勾践如若不能低调，恐怕早已成为刀下之鬼。那时的勾践用低调保全了自己的性命。回到越国之后，如果他忘记了低调，如何能让自己的国家再次休养生息，日益强大，最终可以与吴王对垒？勾践的再次起立是低调和高标的统一。这就是成功人士的立身原则。

要学会把自己的姿态摆得比别人低，让自己的心志站得比别人都高。前者是低调做人的训诲，后者是进入高标生存境界的必然。为自己设定高远的目标，严格要求自己，从小处着手，从低处起步，这样一点一滴地做起来，才能使自己在这个世界上走出壮美的人生。高标是成功的必然要求，而低调做人则是规避失败的韬晦手段。所以，高标处世和低调做人并非一对矛盾，而是一脉相承、互为表里、相得益彰的。

低调的人生是一种修养、一种境界、一种风度，一种只有少数人才能有的情怀。以低调入世者，因为具备了人性中最具光辉的人格魅力。而颇能伸缩自如，避重就轻。那张永不骄傲，张扬、卖弄的脸让人感到亲切无比，那种平淡、优雅、从容的举止让人乐与为伍。因此，即使他们一时有难身边也不乏援手。所以，他们的生存之路因为有了这些才会走的游刃有余，光辉灿烂。

孟买佛学院是印度最著名的佛学院之一。这所佛学院之所以著名，除了它的建院历史久远、培养出了许多著名的学者之外，还有一个特点是其他佛学院所没有的。这是一个极其微小的细节，但是，所有进入过这里的人，当他再出来的时候，几乎无一例外地承认，正是这个细节使他们顿悟，正是这个细节让他们受益无穷。

原来孟买佛学院在它的正门一侧，又开了一个小门，这个小门只有一米五高，一个成年人要想过去必须要低头而过否则就只能碰壁了。

这正是孟买佛学院给它的学生上的第一堂课。所有新来的人，教师都会引导他到这个小门旁，让他进出一次。很显然，所有的人都是低头弯腰进出的，尽管有失礼仪和风度，却可以使人有所领悟。教师说，大门当然出入方便，而且能够让一个人很体面很有风度地出入。但是，有很多时候，我们要出入的地方并不都是有着壮观的大门的。这个时候，只有暂时放下尊贵和体面的人，才能够出入。否则，有很多时候，你就只能被挡在院墙之外了。

佛学院的教师告诉他们的学生，佛家的哲学就在这个小门里，人生的哲学也在这个小门里，尤其是通向这个小门的路上，几乎是没有宽阔的大门的，所有的门都是需要弯腰低头才可以进去。

我们不是佛教徒，但我们同佛教徒一样，要走完自己的人生之路。要使自己在人生旅途中一帆风顺，少遇挫折，弯腰、低头是最好的入世方式，对每个人来说这都是一门必不可少的人生功课。而低调做人正是这种人生功课的最佳成绩。

无论顺境、逆境，低调一点终归没有害处。倘若你还未学会低头、弯腰的通过人生的那道门，碰壁就再所难免。而当你在碰壁了之后才学会弯腰、低头，只怕通过的时候也已错过了最好的境遇。因此，不要等到吃亏了才知道该长一智。

3. 成功需要踏实的双脚，而不是幻想的翅膀

一些人总是羡慕别人的成功，希望自己有朝一日也能取得如此成绩，可是却不肯踏踏实实的努力，只在自己幻想取得的成绩上，沾沾自喜。总有一天，真相会败露，到那时，自惭形秽的无地自容，才明白是虚荣害了自己。

爱默生告诫我们："当一个人年轻时，谁没有空想过？谁没有幻想过？想入非非是青春的标志。但是，我的青年朋友们，请记住，人总归是要长大的。天地如此广阔，世界如此美好，等待你们的不仅仅是需要一对幻想的翅膀，更需要踏踏实实的两只脚！"

一年夏天，一位来自马萨诸塞州的乡下小伙子登门拜访年事已高的爱默生。小伙子自称是一个诗歌爱好者，从 7 岁起就开始进行诗歌创作，但由于地处偏僻，一直得不到名师的指点，因仰慕爱默生的大名，

故千里迢迢前来寻求文学上的指导。

这位青年诗人虽然出身贫寒，但谈吐优雅，气度不凡。老少两位诗人谈得非常融洽，爱默生对他非常欣赏。

临走时，青年诗人留下了薄薄的几页诗稿。

爱默生读了这几页诗稿后，认定这位乡下小伙子在文学上将会前途无量，决定凭借自己在文学界的影响大力提携他。

爱默生将那些诗稿推荐给文学刊物发表，但反响不大。他希望这位青年诗人继续将自己的作品寄给他。于是，老少两位诗人开始了频繁的书信来往。

青年诗人的信一写就长达几页，大谈特谈文学问题，激情洋溢，才思敏捷，表明他的确是个天才诗人。爱默生对他的才华大为赞赏，在与友人的交谈中经常提起这位诗人。青年诗人很快就在文坛有了一点小小的名气。

但是，这位青年诗人以后再也没有给爱默生寄来诗稿，信却越写越长，奇思异想层出不穷，言语中开始以著名诗人自居，语气越来越傲慢。

爱默生开始感到了不安。凭着对人性的深刻洞察，他发现这位年轻人身上出现了一种危险的倾向。通信一直在继续，爱默生的态度逐渐变得冷淡，成了一个倾听者。

很快，秋天到了。爱默生去信邀请这位青年诗人前来参加一个文学聚会。他如期而至。在这位老作家的书房里，爱默生问这位青年人："后来为什么不给我寄稿子了？"

"我在写一部长篇史诗。"青年诗人自信的答曰。

"你的抒情诗写得很出色，为什么要中断呢？"

"要成为一个大诗人就必须写长篇史诗，小打小闹是毫无意义的。"

"你认为你以前的那些作品都是小打小闹吗？"

"是的，我是个大诗人，我必须写大作品。"

"也许你是对的。你是个很有才华的人，我希望能尽早读到你的大作品。"爱默生有点无奈地说。

青年诗人完全没有听出爱默生的无奈，而是很自傲地说："谢谢，我已经完成了一部，很快就会公之于世。"

文学聚会上，这位被爱默生所欣赏的青年诗人大出风头。他逢人便谈他的伟大作品，表现得才华横溢，锋芒咄咄逼人。虽然谁也没有拜读过他的大作品，即便是他那几首由爱默生推荐发表的小诗也很少有人拜读过。但几乎每个人都认为这位年轻人必将成大器。否则，大作家爱默生能如此欣赏他吗？

转眼间，冬天到了。

青年诗人继续给爱默生写信，但从不提起他的大作品。信越写越短，语气也越来越沮丧，直到有一天，他终于在信中承认，长时间以来他什么都没写。以前所谓的大作品根本就是子虚乌有之事，完全是他的空想。

他在信中写道："很久以来我就渴望成为一个大作家，周围所有的人都认为我是个有才华有前途的人，我自己也这么认为。我曾经写过一些诗，并有幸获得了阁下您的赞赏，我深感荣幸。使我深感苦恼的是，自此以后，我再也写不出任何东西了。不知为什么，每当面对稿纸时，我的脑中便一片空白。我认为自己是个大诗人，必须写出大作品。在想象中，我感觉自己和历史上的大诗人是并驾齐驱的，包括尊贵的阁下您。在现实中，我对自己深感鄙弃，因为我浪费了自己的才华，再也写不出作品了。而在想象中，我是个大诗人，我已经写出了传世之作，已经登上了诗歌的王位。"

在信的末尾他诚恳地写道："尊贵的阁下，请您原谅我这个狂妄无知的乡下小子……"从此后，爱默生再也没有收到这位青年诗人的来信。

那些成功的人总是看似一夜成名，实际上是以他们投入的无数心血作为基础的。不要以为成功是一件多么容易的事，一个人能够站在成功之巅，他依靠的不仅是自己的才能，而更多的还有他脚踏实地坚持不懈的努力。如果你想取得成功，就请你放下缥缈的幻想，正确衡量自己的能力，从脚下开始！

4. 要理解实干重于虚名的意义

有大智者知道，任何人都不可能只凭虚名而无实际能力长久地屹立。因此，他们在工作过程中不会投机取巧，而是认认真真踏踏实实地做自己的工作，这在那些重虚名的人眼里，也许应该算作是一种糊涂，或者是傻吧。可是，时间和成绩会证明一切。所以，那些看似糊涂，老实的人，实际上并非真糊涂，而是他们比别人更具有长远的眼光和深刻的思想。

世上有以金钱财富为荣者，有以职称名誉为荣者，有以文凭服饰为荣者……然而，这些东西都不能表明一个人的真实价值。如果一个人不是通过自己的劳动和创造，为社会和他人做出自己应有的贡献，如果不是坚持正直、诚实、高尚的人格，那么一切财富、地位、职称、文凭、服饰，以及华而不实的"知名度"，都不过是掩盖其真相的假面具。而这假面具也终究会有被揭穿的一天。

俗话说：发光的并不都是金子。而金子却一定会发光，我们还是应该分清人生的真实和虚假，力求真实而高尚的人生。

一次老同学聚会上，谁也没想到阿昆是混得最好的人，更没想到的是，从毕业至今，他竟然在一个公司待了 10 年！10 年，现在还有谁会在一家公司干上 10 年？能做 5 年就已经是奇迹了，他现在是一家外资企业的生产总经理，年薪 20 万。他是自己开小车来的，全班仅他一个。不少同学们齐声向他讨教成功之道，谁知他只有一句话："我只为今天的牛奶。"

他说："其实我也曾想过换个环境，但现在的工作这么难找，再说，你又不能保证新工作会比原来的好，与其这样浪费精力，倒不如全身心投入到现在的工作上去，多学点东西。我在生产线待了三年，然后当技术员两年，后来当上了副经理，现在把副字去掉了……为今天的牛奶努力吧，兄弟们，别一山望着一山高。我们常说'牛奶会有的，面包也会有的'，可是我们必须得为今天的牛奶努力，不然一切都没有了。"

对一个聪明人来说，每一天都是一个新的开始，你当然可以谋划自己的理想和前程，甚至可以放眼世界寻找更好的机会，但不要忘了我们首先得为"今天的牛奶努力"，在每个"今天"执著、踏实地走好每一步。

然而今天有一种说法叫做：光有埋头苦干的精神不行，还得会搞关系。许多人认为现在学会做人比干好工作更重要，会"做人"的人吃香，而一门心思干工作，不过是"傻干"，是糊涂，得不到一点好处。有人结合自己的亲身经历得出了"光靠实干要吃亏"的结论。为什么有人会欣赏"既要干工作更要拉关系"的观点呢？问题恰恰出在没把"做什么人"、"做老实人是否吃亏"等问题搞清楚。

有些人受社会上流传的"干得好不如关系硬"、"辛苦干一年，不如领导家里转一转"等歪理的影响，片面相信关系是万能的，导致价值取向和思想道德标准发生偏移，曲解了做人的真谛，把做人之道庸俗化了。如何做人，可以反映出一个人的人生态度、道德情操和思想境界。我们不否认身边确有极少数人靠拉关系得到"回报"和"好处"，但绝大多数是靠实干获得进步的，这也是事实。靠实干赢得进步，才有做人的尊严，才能受到他人的敬佩。

《饭后闲话》中写道：达尔文写《物种起源》用了 28 年，徐霞客写《徐霞客游记》用了 34 年，哥白尼写《论天体的运行》用了 36 年，托尔斯泰写《战争与和平》用了 37 年，马克思写《资本论》用了 40 年，歌德写《浮士德》用了 60 年。

真让人感叹，我们同时能想到相似的数据：爱迪生发明蓄电池，试验了一万多次才告成功；诺贝尔研制无烟炸药，屡败屡试，煎熬八年才出成果；居里夫人于 1350 多个日夜里重复着脏重的体力劳动，才从 8 吨沥青铀矿残渣中提炼出 1 克（八百万分之一）的镭；陈景润为证明"1＋1"，拖着严重衰竭的病体，顶着种种无知的嘲讽，于斗室中、油灯下埋头演算……

以上人物，以文学艺术或科学技术的巨大成就，为人类社会的进步做出了杰出的贡献，按通常的理解，他们都有卓绝的聪明才智，都属于天才。然而，这里非但没有读出他们的聪明才智，反而读出了他们非凡的糊涂劲来。写一部书，有的数十年，有的尽毕生精力，能说不糊涂？而另外几位，除了几近疯狂地埋头于自己的选择，简直不知世上还有其他可爱的事物，能说不糊涂？我们的世界丰富多彩，人生可享受的美妙也多不胜数，许多聪明的人，有条件享受的，就去充分享受，没条件享受的，也挖空心思创造条件享受。哪像他们，糊涂到这般地步，连常人应有的享受，也随便放弃了，而且千方百计自找苦头来吃！

可是他们的最终成功却是得益于这种糊涂。

5. 低下头去做才有出路

生活中，我们往往会遇到别人的贬斥或不公的评论。此时，任何人都不可能心里舒服，于是，心浮气躁者就容易与人发生争执来证明自己的高明，就算争论成功也只能得到对方口头上的让步。真正的聪明人却永远都不会采取这种方式加以证明自己，而是选择用实际成绩来证明一切。在受到别人质疑的时候暂时沉默，糊涂地对待外界的一切干扰，而暗地积蓄力量以求厚积薄发。

麦克·史瓦拉是位美国的电视节目主持人，他所主持的"六十分钟"是人人乐道的节目。在刚进入电视台的时候他是一名新闻记者，因他口齿伶俐，反应快，所以除了白天采访新闻外，晚上又报道七点半的黄金档。以他的努力和观众的良好反应，他的事业应该是可以一帆风顺的。

很不幸的是，因为麦克的为人很直率，一不小心得罪了顶头上司新闻部主管。有一次在新闻部会议上，新闻部主管出其不意地宣布："麦克报道新闻的风格奇异，一般观众不易接受。为了本台的收视率着想，我宣布以后麦克不要在黄金档报道新闻，改在深夜11点报道新闻。"

这个毫无前兆的决定让大家都很吃惊，麦克也很意外。他知道自己被贬了，心里觉得很难过，但突然他想到"这也许就是上天的安排，是在帮助我成长"，他的心渐渐平静下来，表示欣然接受新差事，并说："谢谢主管的安排，这样我可以利用六点钟下班后的时间来进修。这是我早就有的希望，只是不敢提起罢了。"

此后，麦克天天下班之后就去进修，并在晚上10点左右赶回电视台准备11点的新闻。他把每一篇新闻稿都详细阅读，充分掌握它的来龙去脉。他的工作热诚绝没有因为深夜的新闻收视率较低而减退。

渐渐地，收看夜间新闻的观众愈来愈多，佳评也愈来愈多。随着这些不断的佳评，有些观众也责问："为什么麦克只播深夜新闻，而不播晚间黄金档的新闻？"询问的信件、电话不断，终于惊动了总经理。

总经理把厚厚的信件摊在新闻部主管的面前，对他说："你这新闻主管怎么搞的？像麦克这样的人才只派他播晚间新闻，而不是播七点半的黄金时段？"

新闻部主管解释："麦克希望晚上六点下班后有进修的机会，所以不能排上晚间黄金档，只好排他在深夜的时间。"

"叫他尽快重回七点半的岗位。我下令他在黄金时段中播报新闻。"

就这样，麦克被新闻部主管"请"回黄金时段。不久之后，被选为全国最受欢迎的电视记者之一。

过了一段时间，电视界掀起了益智节目的热潮，麦克获得十几家广告公司的支持，决定也开一个节目，便找新闻部主管商量。

积着满肚子怨恨的新闻部主管，板着脸对麦克说："我不准你做！因为我计划要你做一个新闻评论性的节目。"

虽然麦克知道当时评论性的节目争论多，常常吃力不讨好，收入又低，但他仍欣然接受说："好极了！"

自然，麦克吃尽苦头，但他没说什么，仍全力以赴为新节目奔忙。节目上了轨道也渐渐有了名声，参加者都是一些出名的重要人物。

总经理看好麦克的新节目，也想多与名人和要人接触。有天他召来新闻部主管，对他说："以后节目的脚本由麦克直接拿来给我看！为了把握时间，由我来审核好了，有问题也好直接跟制作人商量！"

从此，麦克每周都直接与总经理讨论，许多新闻部的改革也有他的意见。他由冷门节目的制作人渐渐变成了热门人物。他也获得全美著名节目的制作奖。

一个人的争论可以为自己赢回暂时的失利。但实干所做出的成绩却更具说服力。所以，我们如果遇到类似麦克·史瓦拉那样的情况，应该心里清楚，却要做一个表面上的糊涂人。用自己的努力去赢得别人的首肯。

6. 做一个勤奋、踏实的糊涂人

自古就有勤能补拙的说法。因此很少有人是天赋异禀的传奇式人物，可以说大多数人都是站在同一起跑线上的。假如你自认技不如人，那就应该踏踏实实、勤勤恳恳的去干好自己该干的事情，做一个勤奋、踏实的糊涂人。

但世界上能承认自己有些"拙"的人不会太多，能在进入社会之初即体会到自己"拙"的人更少。大部分人都认为自己不是天才至少也是个干将，也都相信自己接受社会几年的磨炼后，便可一飞冲天。但能在短短几年即一飞冲天的人能有几个呢？有的飞不起来，有的刚展翅就摔了下来，能真正飞起来的实在是少数中的少数。为什么呢？大多是因为社会磨炼不够，能力不足。

那么有没有办法在极短的时间补足自己的能力呢？

所谓的"能力"包括了专业的知识、长远的规划以及处理问题的能力，这并不是三两天就可培养起来的，但只要"勤"，就能很有效地提升你的能力。

"勤"就是勤学，在自己工作岗位上，一刻也不放弃，一个机会也不放弃地学习。不但自修，也向有经验的人请教。别人睡午觉，你学；别人去娱乐，你学；别人一天只有 24 小时，你却是把一天当两天用。这种密集的、不间断的学习效果相当显著。如果你本身能力已在一般人水准之上，学习能力又很强，那么你的"勤"将使你很快地在团体中发出亮光，为人所注意。

另外一种"能力不足"的人是真的能力不足，也就是说，先天资质不如他人，学习能力也比别人差，这种人要和别人一较长短是辛苦的。这种人首先应在平时的自我反省中认清自己的能力，不要自我膨胀，迷失了自己。如果认识到自己能力上的不足，那么为了生存与发展，也只有"勤"能补救，若还每天痴心妄想，不要说一飞冲天，也许连个饭碗都保不住！

对能力真的不足的人来说，"勤"便是付出比别人多好几倍的时间和精力来学习，不怕苦不怕难地学，兢兢业业地学，也只有这样，才能成为龟兔赛跑中的胜利者。这便是"勤"代表的糊涂做人的意义所在。

其实"勤"并不只是为了补拙，在一个团体里，"勤"的人始终会为自己争来很多好处：

塑造敬业的形象。当其他人浑水摸鱼时，你的敬业精神会成为旁人眼光的焦点，认为你是值得敬佩的。

容易获得别人谅解。当有错误发生，必须找个代罪羊时，一般人不大会找一个勤于工作的人来顶替。当做错了事，一般人也不忍指责，总是会不忍地认为，已经那么认真了，偶然出点错没什么。

容易获得主管的信任。当主管的喜欢用勤奋的人，因为这样他可以放心，如果你的能力是真不足，但因为勤，主管还是会给予合适的机会。当主管的都喜欢鼓励肯上进的人，此理古今中外皆同。

因此，任何人都应该善于做一个勤奋的糊涂人，不去理会别人的任何评价。认真的做自己该做的事。

7. 有低调的态度才能做好乏味的工作

乏味的工作没有人愿意干，更不用再说干好。所以大多数人遇到这种工作时往往会敷衍，应付了事。而那些愿意踏踏实实地把这种工作干好的人因为坚持不懈，必会取得别人难以取得的成就。做工作就是如此，任何工作做的时间长了都会有乏味的感觉，能以低调的态度对待这种乏味，在乏味中做出不乏味的成绩是一个人的可贵精神的体现。

现为北京某 IT 著名企业的部门经理王先生曾表示：之所以有的员工认为工作是为了赚取薪水而不得不做的事情，是由于他们都缺乏坚实的工作观。同时，他以一种非常遗憾的口吻回忆了自己年轻时候的教训：

王先生从大学毕业进入该公司时，便被派往财务科就职，做一些单调的统计工作。由于这份工作高中毕业生就能胜任，王先生觉得自己一个大学毕业生来做这种枯燥乏味的工作，实在是大材小用，于是无法在工作上全力投入；加上王先生大学时代的成绩非常优异，因此，他更加轻视这份工作。因为他的疏忽，工作时常发生错误，遭到上司的批评。

王先生认为，自己假如当时能够不看轻这份工作，好好地学习自己并不专长的财务工作，便能从财务方面了解整个公司。原来，公司领导也有意让他通过熟悉财务工作来全面培养他。然而他由于自己轻视这份工作而致使晋升的良机流失，直到后来，财务仍是他工作中脆弱的一环。

由于王先生对财务工作没有全力以赴，以至于被认为不适合做财务工作而被调至营业部门。其实，熟悉财务，熟悉销售，是公司领导让大学生们学会认识市场，然后再搞研发的一个过程。但身为推销员，又必须周旋于激烈的销售竞争中，于是王先生又陷入窘境，这对他而言，又是一种不满。他并不是为做一个推销员才进入这家公司的，他认为如果让他做研发方面的工作，一定能够充分发挥他的才能，但公司却让他做一个推销员而任顾客驱使，实在令人抬不起头。所以，他又非常轻视推销的工作，尽可能设法偷懒。因此，他只能达到一个营业部职员最低的业绩标准。

他认为如果当时自己能够不轻视推销工作而全力以赴，他就能够磨炼自己在人际关系上自由进退的能力，并能培养准确掌握与对手竞争的方法。然而，王先生当时却一味敷衍了事，以至于后来仍对自己人际关系的能力没有自信，这对目前的王先生而言，也是非常弱的一环。

王先生因此而丧失身为一个推销员的资格，并被调至市场调研处。与过去的工作比较起来，似乎这个工作最适合王先生，终于让王先生感觉有了一份有意义的工作，而热爱并投身于此，因此才逐渐提高其工作绩效。

但由于过去五年左右的时间，马虎的工作态度，使他的考核成绩非常不理想，当同期的伙伴都早已晋升为经理时，只有他陷于被遗漏下来的窘境。

这对于王先生是一个非常大的教训。过去公司所有指派的工作，对于王先生而言，都各具意义。然而，由于他只看到工作的缺点，以致无法了解这些工作乃是磨炼自己弱点的最佳机会，也就无法从工作上学习到经验而遗憾至今。

大多数的人未必一开始就能获得非常有意义的工作，或非常适合自己的工作。倒是有相当一部分的人，刚开始都被派做一些非常单调呆板和自认毫无意义的工作，于是认为自己的工作枯燥无味或说公司一点都不能发现自己的才能，因而马虎行事，以至于无法从该工作中学到任何东西。

对待任何工作，正确的工作态度应是：以一颗糊涂的耐心去做这些单调的工作，以培养出从团队角度考虑问题的心智。如果最初无法培养出这种从全局考虑问题的心态，渐渐地便会觉得大家事事都在和你做对，而一次又一次的调换工作场所，就必然会成为无用的人。

第二章 适应环境的人是真正的智者

水无常形，容入什么样的容器就呈现什么样的形状，但水的本质并不因此而改变，做人处世不可不学水的柔忍之道。有许多人抱怨这个社会的种种弊端，但是抱怨不能改变现实，何不改变自己来适应社会？既然不能超脱世俗，那就痛痛快快地接受它吧。

1. 改变不了的事那就接受它

有很多人的情绪都会受到环境的影响，比如当阳光明媚时心情也就开朗，做事也有干劲；而阴雨绵绵之时便会情绪低落，做什么都提不起精神来。但是我们要明白，外界环境是客观的，而我们的心情则是主观的，我们不能改变外界环境，但是可以控制自己的主观感情。也就是说，快乐还是不快乐，选择权在我们自己手上。

有一个智者遇到一个失恋的女子，女子伤心地哭个不停，为自己被男朋友抛弃而很伤心。智者对她说："他抛弃你，是他的损失。因为你只是失去了一个不爱你的人，而他却失去了一个爱他的人。说到底，是他的损失比你大，该哭的人是他才对啊。"女子听了之后深觉有理，心情慢慢开朗起来，不再像当初那样难过了。

这个小故事可以告诉我们，心情的转换只在一念之间，而选择一个快乐的心情却可以影响我们做人的态度。无论我们心情是怎样的，客观现实都是不可改变的，天气不会因为你的心情而选择是阴还是晴，已经发生的事情也不会因为你的心情而改变结果，我们唯一能做的就是调节好自己的心情，以积极的心态来面对人生。很多时候我们甚至会因为这一念之间的转换而改变自己的人生。

其实每个人都想拥有完全顺心如意的生活，但是谁都知道这是不可能的事，地球不会按照你一个人的意愿来转。但是往往人们会忘记这一点，总是希望别人或是周围的环境来适应自己，却不知道要主动去适应别人和周围的环境。

而懂得柔与忍的做人哲学的人才知道要征服自己、改变自己，从而获得战胜一切挫折的力量。

从前有一个国王，他统治着一个富足的国家，但是那个时候还没有发明鞋子，所以这个国家的人都不穿鞋。有一天，国王徒步走去一个离王宫较远的地方视察民情，因为是第一次步行出远门，而且路上崎岖不平、沙石遍地，国王感觉脚底十分疼痛。于是国王下令将他要去的道路上统统铺上皮革，但是这需要成千上万张牛皮，要花费大量的金钱。而且，恐怕把全国的牛都杀了剥皮也不够用的。

于是一位大臣向国王建议说："英明的国王陛下，其实我们不需要花那么多钱，您只需要割下一小块牛皮，包上您的双脚，就可以起到同样的作用啊。"

国王惊讶不已，立刻接纳了大臣的建议。从此，这个国家开始有了鞋子。

这个小故事告诉我们，如果强行让外界适应我们的话，可能会花费巨大的代价，而且还不一定能取得成功。倒不如改变自己来适应外界更容易些。

当然，改变自己来适应外界也不是一件很容易的事，毕竟每个人都有自己独特的个性，想融入这个社会也需要过程。然而聪明的人善于运用柔与忍来调整自己，并最终完善自己。

2. 是金子总会发光的

有的人常喜欢抱怨环境的苛刻，抱怨生活条件不好、工作单位待遇太差、同事关系太冷漠、老板不是伯乐……但是，你自己是那匹千里马吗？

是金子总会发光的，是千里马总会万里驰骋的，在环境不如意、没有人赏识的时候，我们该做的不是浪费时间去抱怨，而是埋头做事。

有一个刚刚步入社会的年轻人，觉得公司领导对自己不公，明明自己很有才华却得不到重用，而那些同事只不过比自己早些时候进入公司，就一个个趾高气扬的。他觉得自己生活得十分苦闷，于是找到一位智者，向他讲述自己的烦恼。

智者听后，把年轻人带到河边，他随手捡起一块鹅卵石扔了出去，鹅卵石远远地落到了一堆石头上。

智者问："你能把我刚才扔出去的鹅卵石捡回来吗？"

年轻人看了看，说："不能，那些石头的样子都差不多，我分不清哪一个是你刚才扔掉的。"

"那如果我扔出去的是一块金子呢？"智者再问。

年轻人怔了怔，随即恍然大悟。

如果你自己的价值还只是一块平淡无奇的鹅卵石，那你就没有权力去抱怨环境的不公，因为你没有被注意的价值。想要有自己的立场和声音，你先要努力提高自己的价值，只有当你成为金子的时候，你自身的光芒才会吸引来别人赞叹的目光。

所以要先忍受寂寞，埋头做事，当你做出成绩时，你说的话才会掷地有声！

在美国有一家知名的牙膏公司,公司里有一位小职员,因为公司里的人才太多了,像他这样平凡的人引不起别人的注意。但是小职员从来不埋怨自己职位太低、工作太琐碎,相反,他总是用高标准要求自己,尽力把每一件工作都做好。渐渐地,他得了一个奇怪的绰号,叫做"每支两美元先生"。因为他无论签什么账单,都会在账单的右下角注上公司的名字,和"每支两美元"的字样,甚至和女朋友出去吃饭的时候也是如此。慢慢地,这件事被同事们知道了,大家都戏称他"每支两美元先生",真名字反而没人叫了。

后来这件事传遍了整个公司,连老总都知道了。老总非常奇怪竟然还有这样的员工,如此注意宣传公司。于是他开始留意这个小职员的情况,发现他工作起来总是很有激情,而且也很有才能,于是起了提拔之心。而小职员也没有辜负老总的厚望,在接受老总分派的工作时总是全力以赴。后来,在老总离职之后,他很放心地把公司交给了这个小职员。而许多原来比他职位高、能力强的人却都没有坐上这个位子。

这个平日默默无闻的小职员,终于凭借自己委婉的手段和积累与等待,一鸣惊人,成为许多人的楷模。

环境不好没关系,事情太琐碎也没关系,只要你肯沉住气,那么你的等待和积累都会有回报。因为在你等待和积累的过程中,你已经把自己锻造成了一块闪闪发光的金子。

3. 适者生存,不是强者生存

在达尔文的进化论里,提出了一个残酷的理论:"物竞天择,适者生存。"适应环境,随着环境而改变自己,这样才能顺应自然之道。反之,则会遭到淘汰。我们做人处世也是一样,一味地顺着自己的心思禀性去做人处世，免不了要遭到挫折和排挤，毕竟别人是没有义务要忍受你的个性的。

以前人们常说"人定胜天"，又说"人与天斗，其乐无穷"，并将这些当做是一个强者的处世之道。可是，这并不一定正确。天道即自然，想要逆天而行的人最终总还是会被自然之道给毁灭。人，只能顺天，逆天是热血，可是不利于做人处世，需慎之。

海洋所在的公司要进行裁员。不过在海洋看来，公司裁员行动应该是和自己没有关系的。多年以来，海洋一直都是公司财务部的总监，过硬的专业知识和超强的能力使他一直受到老总的器重和赏识。

不过这次情况好像没有海洋想象的那么简单。宣布要进行裁员的当晚，老总竟然打电话给他要他到自己家里去一趟。这次老总带给海洋的可谓是一个坏消息，老总要求海洋考虑一下，根据目前公司的情况，是不是可以先考虑一下到分公司的财务部工作。这个要求被海洋当场拒绝了。他相信自己的能力和才华绝对不会只屈居到一个小小的分公司，况且从总公司降到分公司，这也太没面子了。

海洋和老总不欢而散。临出门的时候，老总还在后面诚恳地说："你还是再考虑考虑，考虑好了再给我一个明确的答复。"

"不用了，肯定不行。"海洋头也不回地对老总说。他甚至有些恼怒老总居然对自己提这种要求，这也未免太看低自己了，难道这就是自己这些年来兢兢业业努力工作的结果吗？

几天后，公司裁员的名单下来了，随着裁员名单一起下发的，还有公司内部机构调整的名单。虽然遭到了海洋的拒绝，不过老总还是把海洋的位置放在了分公司的财务部。

"能不能给我个理由？"海洋拿着调令找到了老总。

"这是董事会的决定，"老总站起来摊开双手对海洋说，"我想你还是先做一段时间，然后……"

没等老总说完，海洋就把调令放在了老总的办公桌上，然后对老总说："不用再说了，我下午会把辞职信交上来的！"

海洋交辞职信的时候，老总神色有些黯然："你不能再考虑一下吗？一起合作这么多年，我个人是非常欣赏和信任你的，真的不希望失去你这么好的合作伙伴。"老总诚恳地说。海洋摇头，但心里还是小小的震动了一下，原来老总还是赏识自己的，只是形式所迫啊。

"那么好吧，"老总的语气里有些无奈，"晚上你到我家去，我为你饯行！"

老总为海洋准备了很丰盛的宴席。来之前海洋打定主意，饯行是饯行，绝对不牵涉到公司内部调整的话题，只要老总的话转到这方面，那么自己马上站起来告辞。

奇怪的是，老总真的没有再规劝海洋的意思。吃完饭后，老总对海洋说："时间还早，跟我一起看部片子吧，好久没有看电影了。"海洋不知道老总葫芦里卖的什么药，答应了下来。

老总播放的电影是一部科学记录片，描述的是在白垩纪、侏罗纪时代地球上的种种生物，包括恐龙、鳄鱼、蜥蜴、变色龙等爬行动物。海洋实在想不出来这有什么好看的，不过既然答应了老总也只能勉强看完。

影片是随着恐龙的灭绝而结束的。海洋站起来要走的时候，老总忽然说了句奇怪的话："那么强大的恐龙灭绝了，而小小的变色龙却繁衍生息到现在。适者生存，而不是强者生存啊！"回家的路上，海洋在心里回味着老总的这句话，虽然是对影片而发的，但心里却触动很大，难道自己就是职场上的那只恐龙？

后来，公司里有很多人都奇怪为什么海洋会改变自己的决定，而老总则好像从来没有收到过什么辞职信。拿到调令，海洋去分公司的财务部报到了，而且不带一点情绪，工作做得很认真。

半年之后，公司情况好转，同时恢复了海洋的职务。原来，内部调整和裁员，是因为公司那时在市场上遭遇了同类产品的强烈竞争，所以公司只好通过内部调整和裁员来渡过难关。

而海洋因为在分公司财务部期间发现了不少以前没有发现的问题，财务总监做得更加得心应手了。

在海洋的办公桌上出现了一条橡胶的变色龙的模型，他常常在工作之余默默把玩。有人问海洋，为什么喜欢这个看起来丑陋的家伙？海洋总是笑笑，什么也不说。

顺应天道，才能获得更好的发展机会，凭借着一时的冲动和盲目的自信，其实未必能有什么出头之日。听起来似乎这个道理会让很多自信心强烈的人觉得反感，可是细细思量，难道不是很有道理的吗？

4. 在困难面前，学会忍耐

人生的旅途上免不了会有或大或小的困难，无论一个人是国王还是乞丐，是英雄还是罪犯，是万众瞩目的明星还是普普通通的平凡人，都会有自己的困难和痛苦。但是，只要勇敢面对，只要能够耐得过苦难，这些困难和痛苦都会成为超越自我的契机。

有一天，素有森林之王之称的狮子，去求见天神，它对天神说："神啊，我很感谢你赐给我如此雄壮威武的体格、如此强大无比的力气，让我有足够的能力统治这整座森林。"

天神听了，微笑着问："但是这不是你今天来找我的目的吧！看起来你似乎为了某事而困扰呢！"

狮子轻轻吼了一声，说："不愧是天神，真的可以洞察人心呢。我今天来的确是有事相求。因为尽管我再威武强壮，但是每天清晨鸡鸣的时候，我总是会被鸡鸣声给吓醒。神啊！祈求您，再赐给我一个力量，让我不再被鸡鸣声给吓醒吧！"

天神笑道："你去找大象吧，它会给你一个满意的答复的。"

狮子兴冲冲地跑到湖边找大象，还没见到大象，就听到大象跺脚所发出的"砰砰"响声。狮子加速地跑向大象，却看到大象正气呼呼地直跺脚。

狮子问大象："你干吗发这么大的脾气？"

大象拼命摇晃着大耳朵，吼着："有只讨厌的小蚊子，总想钻进我的耳朵里，害我都快痒死了。"

狮子离开了大象，心里暗自想着："原来体形这么巨大的大象，还会怕那么一丁点儿的小蚊子，那我还有什么好抱怨呢？毕竟鸡鸣也不过一天一次，而蚊子却是无时无刻地骚扰着大象。这样想来，我可比它幸运多了。"

狮子一边走，一边回头看着仍在跺脚的大象，心想："天神要我来看看大象的情况，应该就是想告诉我，谁都会遇上麻烦事，而它并无法帮助所有人。既然如此，那我只好靠自己了！反正以后只要鸡鸣时，我就当做鸡是在提醒我该起床了，如此一想，鸡鸣声对我还算是有益处的呢！"

每一个困难都有它正面的意义，从中找到它的正面意义有助于我们渡过难关。我们要了解，困难不是单单为你而产生的，但是困难的旁边就是机遇。如果你能忍耐痛苦，那你就能冷静下来，并从困难中发现对你有利的那个闪光点。

5. 世事洞明皆学问，人情练达即文章

卡耐基说："一个人的成功，只有百分之十五是由于他的专业技术，而百分之八十五的却要靠他的人际关系和做人处世的能力。"人的一生无非就是做人处世，只有对社会上的各种事情都明白透彻了，才算是学问；只有在处理人情世故时干练通达，才算得上是锦绣文章。

这就要求我们做人要外圆而内方，方是准则，是做人之本，而圆是通融，是处世之道。

曹雪芹在《红楼梦》一书中塑造的薛宝钗便是这样一个成功的人物，她才貌双全，诗才之敏捷足以与林黛玉媲美，而做人处世更是"行为豁达，随分从时，不比黛玉孤高自许，目下无尘，故比黛玉大得人心"。上至贾母，下至小丫头，不管是被归为正面人物的林黛玉，还是属于反派人物的赵姨娘，没有一个不喜欢她的。在《红楼梦》营造的那个庞大而复杂的大家族里，能做到不与一人为敌，受到众人的尊重，的确不是易事。

首先薛宝钗为人大度，不计小怨，虽然开始的时候林黛玉处处针对她，甚至见她出丑而幸灾乐祸，但日久见人心，薛宝钗的友善却逐渐将林黛玉感化，最后两个比亲姐妹还要亲。而薛宝钗的善良也不是只对于林黛玉一个人，她暗中体贴接济家境贫寒的邢岫烟，见香菱羡慕大观园，就说服母亲把她带进园中。

宝钗在书中的表现更多的是一种"宁静以致远，淡泊以明志"的境界，她不愿与人争与人斗，处世圆滑周到，但也不容许他人对自己随意践踏。"（夏金桂）先前不过挟制薛蟠，后来倚娇作媚，将及薛姨妈，后将至薛宝钗。宝钗久察其不轨之心，随机应变，暗以言语弹压其志。

金桂知其不可犯，便欲寻隙，又无隙可乘，只得曲意俯就。”（七十九回）

三十回时，宝钗看戏，因怕热提前走了，宝玉开玩笑说宝钗像杨贵妃，体丰怯热。林黛玉听见宝玉奚落宝钗，心中得意，问宝钗听了两出什么戏。（宝钗）便笑道：“我看的是李逵骂了宋江，后来又赔不是。”宝玉又笑道：“姐姐通今博古，色色都知道，怎么连这一出戏的名字也说了这么一串了。这叫《负荆请罪》。”宝钗笑道：“原来这叫做《负荆请罪》！你们通今博古，才知道‘负荆请罪’，我不知道什么是‘负荆请罪’！”一句话未说完，宝玉、黛玉二人心里有病，听了这话，早把脸羞红了。

宝钗借一出《负荆请罪》，反被动为主动，由原来的被奚落，到后来的巧妙地使宝玉和黛玉“自打嘴巴”。而当王熙凤突然问他们三人谁吃了生姜时，宝钗见宝玉十分讨愧，便一笑收住，得饶人处且饶人。既不让人轻贱了自己，又不过分逼迫别人，维护尊严与宽容大度交错得极为融洽。

而在宝钗处世的策略上，充分体现了她的智慧。

宝钗从不在人后道人长短，即使是姐妹们闲聊，也不见她说对谁有不满，这种谨言的态度也是她受到众人喜爱的原因之一吧。毕竟一个经常指责别人的人，只会让人感到挑剔而难于相处，甚至会让人感到品质恶劣而厌烦。比如中伤晴雯的袭人，就让许多人反感。

宝钗处世的柔婉，进退有度，在十八回元妃省亲时有很好的体现。当时宝玉作“绿玉春犹卷”与元妃先前将“红香绿玉”改为“怡红快绿”相冲，薛宝钗见了，趁众人不理论之时，悄推宝玉，提醒他并教其改正。而六十二回描写行令，黛玉打趣宝玉，“他倒有心给你们一瓶油，又怕挂误着打窃盗的官司”，本意是对宝玉开玩笑，不料彩云有心病，黛玉的话反而让彩云尴尬。这时宝钗忙暗暗的瞅了黛玉一眼，黛玉方知失言，自悔不及。

宝钗在这些场合下表现出的进退有度，无疑体现了她的良好修养，同时也避免了得罪别人，为自己引来麻烦。这不是虚伪、狡诈，而是一种柔忍的做人处世的哲学，是一种圆融变通的处世技巧。

宝钗的处世智慧还体现在一些大局上，在五十六回时，宝钗与探春、李纨谈园中的花费开支，她围绕如何减少开支提出一系列具体的方案，既让园里省钱，又让那些老妈妈们分得一些甜头，使她们更尽心尽力地做事，两边皆欢喜。这份平衡就是凤姐也很难掌握的。

宝钗对人体贴细心，宝玉生病，她会送去药丸，并给予宽慰；黛玉多病，又个性孤僻，她就常和其谈心，最终"金兰契互剖金兰语"；她帮助邢岫烟，暗中每相体贴接济，但从不让别人知道，是怕邢夫人有不满，反而给岫烟添麻烦。

我们在这个社会上生存，就要和人打交道，就得适应社会。即使对社会现状有什么不满，想要改变它，但前提也得是先要能生存下来，否则一切都是纸上谈兵。如果做人处世无方，就会使你四处碰壁，步履维艰；而若是能处世得法，则会柳暗花明，左右逢源。这的确是大学问大智慧。

6. 要学会从多个角度考虑问题

善于做人处世的人，往往都能从多个角度去分析和思考问题，有时候还会用代入的方式去研究问题。毕竟事物的发展都不是孤立的、片面的，换一个角度看待问题可能就会产生截然不同的感受。而且多角度地研究问题，也更容易找到问题的根本所在，更容易去解决问题。

智利首都圣地亚哥的埃尔科兹酒店的电梯装载量不够，酒店招集了一些专家和工程师来讨论，看怎么解决这个问题。结果大家意见一致：多装一部电梯。但是这需要从底层起，每层楼都进入施工。正在工程师和建筑师们到会议室讨论安装事宜的时候，正在拖地的清洁工人听他们说要给每个楼层打洞，就说："那就要乱得不得了。"

"当然，不过我们会处理好的。"一个工程师说。

另一个人说："如果不得不暂且休业的话，我们也只能这么做了，因为不装一部电梯不行啊。"

清洁工人拄着拖把，看着他们："你猜如果让我来干的话，我会怎么干？"

一位建筑师好奇地问："你会怎么办？"

"我会把电梯安装在酒店的外面。"

建筑师和工程师们面面相觑。

后来，他们真的把电梯装在了酒店的外面。这是建筑史上的第一次建筑革命。

人们往往会被固有的常识给困住，思维都在一个圈圈里打转，谁能突破这个桎梏，谁就是天才。

做人处世也是一样，不要总是依照旧俗常规来做事，偶尔另辟蹊径也会有惊喜。

《战国策·韩公仲》这则故事中，就讲述了这个道理。

公元前293年，秦国与齐国连横之后，向韩、魏两国发动了大规模的进攻。韩、魏两国面临共同的威胁，但他们之间却貌合神离，互相之间并不信任，也不愿意真诚合作，而是互相推诿，谁都不愿意打先锋，结果连连败北。后来魏国为了自身的利益，企图将韩国抛在一边，单独同秦国议和，形势变得对韩国十分不利。

这时有一位谋士对韩相公仲说："双胞胎的长相非常相似，只有他们的母亲才能分辨清楚；利与害在表面上也很相似，只有明智的人才能分辨清楚，看透它们的本质。您的国家目前正面临着利与害相似的情形，也需要由明智的人把它们分辨清楚。如果能采取正确的处理方法，就能尊卑有序、各安其分，否则就会败坏纲常、带来祸患。如果秦魏联盟不是您促成的，韩国就面临遭到秦魏图谋的危险；如果韩国追随魏国去讨好秦国，那样韩国将依附于魏国并遭到轻视，韩国国君在诸侯中的地位就降低了。那时候，秦王就要把他宠信的人安插到韩国做官，这样您的处境就危险了。"

谋士层层递进地分析、引申出如何判断当时的政治局势后，又说："从目前的形势分析，你不如主动去撮合秦、魏进行和谈。两国和谈成功与否，对于韩国都会很有利。若和谈成功，是你穿针引线撮合而成，韩国就成了秦魏联合的门户，既可以受到魏国的推崇，也可以得到秦国的友善。再说，秦魏不可能永远互相信任，秦国会因为得不到魏国的援助而发怒，一定会亲近韩国而远离魏国。魏国也不会永远服从于秦国，一定将设法亲近韩国而防备秦国。这样您就可以像选择布匹随意剪裁一样轻松。由此可见，如果秦魏联合，它们都会感谢您；如果秦魏分裂，两国又都会争取您。这样做，进退对韩都非常有利。希望您能下定决心。"

从中可以看出，这个谋士不只是站在韩国的角度看待问题，而且还是从全局观察，从而得出化被动为主动的办法——主动撮合秦魏和解，同时取信于两国，而使整个局面向着有利于韩国的方向转化。

这就是从多角度考虑问题的优势，也是灵活应变的一种表现，不仅对于政治上的风云变幻可以灵活反应，应用在人际交往中，也能够善察利害，化被动为主动，找出问题的根本。

7. 别给自己制造敌人

俗话常说："宁可得罪君子，不可得罪小人。"这是很有道理的。在我们日常的人际交往中，尤其要注意与小人的相处关系。因为小人或许当时当处不能奈你如何，但他却往往是报复心重，记恨上许久，一旦有了机会就会报复，让你防不胜防。但是要我们抛弃原则和小人套近乎，似乎也是非常为难的事。不过，即使是不能和小人在表面上维持一种和睦的关系，至少也不要轻易得罪，否则可能会引来意料不到的祸患。

唐德宗时期，杨炎与卢杞同任宰相。

卢杞的祖父是唐玄宗时的宰相卢怀慎，为人以忠正廉洁而闻名天下，从不以权谋私，是颇受时人敬重的君子。他的父亲卢奕也是一位清廉方正的忠烈之士。但卢杞本人却是一个貌似忠厚，而实则善于揣摩上意的小人，他除了巧言善辩之外别无所长，而又嫉贤妒能，面厚心黑。因为他的左右逢源的处世之道，同时也凭借了祖父的清名，很快就由一名普通的官员爬上宰相之位，而因为他平时对衣着吃用都不讲究，很多人还以为他是颇有祖风的贤者。

而杨炎是个干练之才，他提出的"两税法"对缓解当时朝廷的财政危机很有帮助，也受到人们的尊重和推崇。但是杨炎虽然博学多识，具有卓越的政治才能，但是却很不会做人处世，尤其是在处理与同僚们的关系上，他恃才傲物，目中无人。特别是他看穿了卢杞的伪装，知道这是个不足信任的小人，更加对卢杞不屑一顾。

两人虽然同处一朝，但杨炎几乎不与卢杞有丝毫往来。按朝廷的制度，宰相们一同在政事堂办公，一同吃饭，但杨炎因为不愿意与卢杞同桌而食，就常找个借口去别处单独吃饭。有人就趁机对卢杞说："杨大人看不起你，不愿意和你同桌进食。"

卢杞本就心胸狭窄、嫉妒杨炎的才干，自然对杨炎怀恨在心，便借机寻找杨炎手下的亲信官员的错失，并上奏皇帝。杨炎十分生气，就向卢杞质问道："我的手下有什么过错，自然有我来处理，如果我不处理，也可以一起商量议处。为什么你要瞒着我暗中向皇上禀告呢？"他弄得卢杞很没面子，于是两个人的隔阂越来越深，常常是对着干，即使是对方提出的建议是正确的，另一个人也会反对。

卢杞与杨炎结怨后，千方百计图谋报复。他知道自己不是进士出身，又长得奇丑，才干更是无法与杨炎相提并论，于是就凭借自己阿谀奉承的本事，逐渐取得唐德宗的信任。

不久之后，节度使梁崇义背叛朝廷，发动了叛乱。唐德宗命淮西节度使李希烈前去讨伐，杨炎不同意，认为李希烈反复无常，就说："李希烈这个人，是杀害了对他十分信任的养父才得到这个位置的，他为人凶狠无情，平时傲视朝廷不守法度，如果他平定梁崇义叛乱时立下大功，就会恃功自傲，以后就更不好控制了。"但唐德宗已经打定了主意要重用李希烈，而不会察言观色的杨炎一再表示反对，使得唐德宗十分生气。

不巧的是，诏命下达后，因为是雨季，李希烈行军很迟缓。唐德宗很着急，就找卢杞商量。卢杞便趁机对德宗说："李希烈之所以拖延徘徊，就是因为听说了杨炎反对他的事，陛下何必为了护着杨炎的面子而影响平定叛军的大事呢？不如先暂时免去杨炎的宰相之职，让李希烈放心。等到叛军平定之后，再重新起用，这样两全其美。"

这番话表面上全是为了朝廷考虑，而且也没有伤害杨炎的意思，唐德宗信以为真，就免去了杨炎的宰相职务。从此卢杞独掌大权，他不断整治杨炎，免得杨炎东山再起。杨炎在长安曲江池边为祖先建了祠庙，卢杞就诬告说："那地方有帝王之气，早在玄宗时代，宰相萧嵩就在那里建过家庙。后来玄宗皇帝到那里巡游，发现该地王气很盛，就让萧嵩把家庙改建在别处了。如今杨炎明知故犯，必定是有篡权夺位的野心。"

在卢杞的鼓动下，唐德宗勃然大怒，先将杨炎贬到崖州做司马，随即下旨在途中就将杨炎缢杀了。

在这个例子里，杨炎虽然死得冤枉，但他不会圆滑处世，以致引起卢杞的报复，这实在是很不划算。

对于小人，我们日常生活里也可能会碰到一两个，虽然对于这些小人不必害怕，但是如果实力不如他，为了免得麻烦还是尽量能避则避，不能避的时候也应该柔婉圆滑一些，以免引起不必要的麻烦。否则还要随时多个心眼来提防他的报复，那就不值得了。毕竟只有傻瓜才会制造敌人，人生的荆棘已经够多，生活已经够沉重，没有必要为自己多制造几个不知何时会爆炸的炸弹。

第三章　低下高傲的头才能挺起不屈的腰

中国有一句成语叫做"锋芒毕露"，锋芒本意是刀剑的尖端，后人将之比作一个人的聪明才干。古人认为，一个人若无锋芒，则是扶不起来的"阿斗"，所以有锋芒是好事，是事业成功的基础。在适当的场合显露一下既有必要，也是应当。然而，锋芒可以刺伤别人，也会刺伤自己。如果一个人自恃有才，就狂妄自大，锋芒毕露，将才华当成炫耀和骄傲的资本，以博取大家的赞美和羡慕，满足自己的虚荣心，那么他的下场可想而知。

1. 何妨把鲜花让给其他人

不要以为自己立了功，就有了讨好上司、固宠求荣的法宝和资本。事实上，立了功，其实是很危险的事情。要不历史上怎么有那么多人，功成就身退了呢？立了功，的确说明你是有才华、有智慧的，可是你绝对不能居功自傲，独享荣誉，而要恰到好处的把功劳让给上司。否则小心上司给你安个"居功自傲"的罪名把你灭了，也正遂身边那些嫉妒你眼红你的人的心。

三国末期，西晋名将王浚于公元280年巧用火烧铁索之计，灭掉了东吴。三国分裂的局面至此方告结束，国家又重新归于统一，王浚的历史功勋是不可埋没的。岂料王浚克敌致胜之日，竟是受谗遭诬之时，安东将军王浑以不服从指挥为由，要求将他交司法部门论罪，又诬王浚攻入建康之后，大量抢劫吴宫的珍宝。这不能不令功勋卓著的王浚感到畏惧。当年，消灭蜀国，收降后主刘禅的大功臣邓艾，就是在获胜之日被谗言构陷而死，他害怕重蹈邓艾的覆辙，便一再上书，陈述战场的实际状况，辩白自己的无辜，晋武帝司马炎倒是没有治他的罪，而且力排众议，对他论功行赏。

可王浚每当想到自己立了大功，反而被豪强大臣所压制，一再被弹劾，便愤愤不平，每次晋见皇帝，都一再陈述自己伐吴之战中的种种辛苦以及被人冤枉的悲愤，有时感情激动，也不向皇帝辞别，便愤愤离开朝廷。他的一个亲戚范通对他说："足下的功劳可谓大了，可惜足下居功自傲，未能做到尽善尽美！"

王浚问："这话什么意思？"

范通说："当足下凯旋之日，应当退居家中，再也不要提伐吴之事，如果有人问起来，你就说：'是皇上的圣明，诸位将帅的努力，我有什么功劳可夸的！'这样，王浑能不惭愧吗？"

王浚按照他的话去作了，谗言果然不止自息。

喜好虚荣，爱听奉承，这是人类共有的弱点，作为一个万人注目的帝王更是如此。有功归上，正是迎合了这一点。你想谁不愿意功劳卓著？尤其是作为君主，哪个能容忍臣下的功劳超过自己呢？

"伴君如伴虎"，是古人总结出来的至理名言。懂得如何与领导相处、明哲保身，充满着智慧的结晶。一些人自以为有功便忘了上峰，总是讨人嫌的，特别容易招惹上司嫉恨。把功劳让给上司，才是明智的捧场，是稳妥的自保。在官场上如此，在职场上亦是如此。

小江很有才气，编辑的杂志很有一套自己的独特的风格，因此很受欢迎，有一次还得到创新奖。一开始他还很高兴，但过了一段时间，他却失去了笑容。他告诉一位朋友说，他的上司最近常给自己脸色看。

这位朋友问清楚他的情况后，指出了他犯的错误。原因是这样的：小江得了创新奖，受到了上级领导的好评，因此除了新闻部门颁发的奖金之外，另外给了他一个红包，还当众表扬他的工作成绩，并且夸他是块主编的料。但是他并没有现场感谢上司和同事们的协助，更没有把奖金拿出一部分请客，他的上司刘主编从此处处为难他。遗憾的是，小江不相信朋友的分析，结果三个月后就因为呆不下去而辞职了。

这份杂志之所以能得奖，自然是小江贡献最大，但是他也不能独享了这份荣誉，这让上司怎么想？自然觉得他目中无人，恃才自傲，其次因为小江的才华也让他产生不安全感，害怕失去权力，为了巩固自己的领导地位，小江自然就没有好日子过了。

与上司相处，一定要在各方面维护他做上司的权威，不要恃才傲物，居功自傲，那样终会成为上司和同事的"眼中钉"。工作中取得了成绩，会给你带来一定的荣耀，但是，你一定要把这份荣誉归功于上司，把鲜花让给上司戴，把众人的目光引到上司身上。否则，若是你抢了上司的风头，后果就严重了。

2. 不要随意卖弄自我

好卖弄的人往往都是虚荣心很强的人。虚荣是你心灵深处的魔鬼，使你变得自负，误以为自己很了不起，无所不能，可事实上并非如此。一些人为了引人注意，为了出风头，以满足自己永无止境的虚荣心，就不分场合、地点、对像，拼命地卖弄自己。

赵女士就是一位爱卖弄自己的人，她每天总是利用一切机会让人们知道她的存在。一位老兄在为儿子差两分没被清华大学录取而苦恼，一旁的赵女士生怕没了机会，忙插嘴道："真是的，我那儿子也不争气，要升初中了，才考了 99 分。"旁人不难看出，她到底是自贬还是自夸。

一年秋季，她办完调动手续，满以为会被热情欢送，岂料送行的只有一名例行公事的干部。

王先生在他刚到工作单位的那段日子里，在同事中几乎连一个朋友都没有。那时他正春风得意，对自己的机遇和才能非常自得。因此每天都极力吹嘘他在工作中的成绩，吹嘘每天有多少人找他请求帮忙等等得意之事。然而同事们听了之后不仅没有人分享他的"成就"，而且还极不高兴。

不顾别人的感受，只顾卖弄自我，在多数场合是不受欢迎的，任何人都有一种逆反心理，都会自然而然地在心中对你的卖弄不屑一顾。如果你有优点，最好由别人去发现，而不是自我卖弄。

许多人都有一种虚荣的心理，比如在无意中获得了一件心爱的宝物，或办成了一桩得意的事情，往往爱在人前炫耀一番。这种炫耀久而久之就变成了一种卖弄，这样一来，别人知道自己拥有了宝物肯定会投以赞赏和羡慕的眼光，而且自己还因为有这样一件宝物，办成了一件漂亮的事而沾沾自喜。

有了好东西就和大家一起分享，把自己拥有的好东西露给别人看一看，把自己的得意之事说给别人听听，本来也没有什么大不了的。但是，如果炫耀的心理太炽热，想听好听、奉承和赞美之话的渴望太强烈了，人就陷入了"卖弄"之歧途。而这种卖弄有时就像是毒药，会让你上瘾，最后失去做人的本性。

有这样一个故事：

一位年轻的律师花了一笔资金装修他的事务所。他买了一架豪华的电话机，作最终的装饰。现在这架电话机正摆在漂亮的写字桌上，秘书报告一个顾客来访，对于首位顾客，年轻律师按规矩让他在候客室等了一刻钟。

当顾客被允许进来时，律师就故意拿起了那部豪华电话的话筒，为了给客人更深的印象，他假装接通了一个极为重要的电话："可敬的总经理，我已对他说了，我们只是彼此浪费时间罢了……当然，我知道，好的……如果您一定要坚持的话……可是您要明白，低于两千万我不能接受……好，我同意……以后再联络，再见。"

他终于挂上了电话，面对那位顾客。而在门口站着不动的顾客脸色非常尴尬。"请问您有什么事?"律师微笑着问这位局促不安的客人。客人犹豫了半晌，低声说："我是技术工人，公司派我来给你接电话线。"

那些卖弄者往往矫揉造作，故意要显露某些东西，企盼获得他人的喝彩，以满足自我的虚荣之心。这种人生状态虽不会给人带来什么灾难，但是会常常引发他人的厌恶，甚至鄙视，且易养成自我骄傲自满的心理，于人生的发展大大不利。

托马斯·肯比斯说："一个真正伟大的人是从不关注他的名誉高度的。"一个人不会因为自己的成就而傲慢，也就不会抱怨自己命运的悲惨。相反贪慕虚荣的自我卖弄，是一种腐蚀人类心灵的毒药。所以，请丢掉你那颗虚荣的心吧，我们要像元代王冕《题墨梅》诗中说的那样："不要人夸好颜色，只留清气满乾坤"。

3. 不要企图替你的上司做决定

谁是公司的最高决策者? 当然是老板。无论大事还是小事，都必须由他最后敲定。如果他愿意听听你的意见，那么说明你尽可以说说你的想法和看法。但是，你一定要记住一点，那就是你千万不能忘了自己的身份，你是下属，他是老板，即便你的意见是对的，你也不能强迫他采纳，更不能不自量力，自作主张，替他做主。这样，就显得你比他聪明，会让他很没面子，他自然也不会给你好果子吃。

罗马执政官马西努斯围攻希腊城镇帕伽米斯的时候，由于城高墙厚，士兵们死伤惨重却仍然未能攻占这座城镇。最后，马西努斯发现城门是最薄弱的环节，于是打算集中兵力猛攻城门，但要攻打城门就必须要用到撞墙槌，当时军中并没有这种器械。马西努斯想起几天前他曾在雅典船坞里看过两支沉甸甸的船桅，就马上下令把其中较长的一支立刻送来。

然而，传令兵去了多时，桅杆仍未送达。原来是军械师与传令兵发生了争执。军械师认为短的那根桅杆才能真正发挥作用，不但攻城效果比长的那根要好，而且运送起来也方便，他甚至花了不少时间画了一幅又一幅图来证明自己的专业，而传令兵则坚持执行命令，既然上司要长的桅杆，他的任务就是把长桅杆送到上司面前。

面对军械师喋喋不休的说辞，传令兵不得不警告他，他们的领袖是不容争辩的，他们了解领袖的脾气，军械师终于被说服了，他选择了服从命令。在士兵离开以后，军械师越想越觉得自己的想法是正确的，他觉得服从一道将导致失败的命令是毫无意义的，于是，他竟然违抗命令送去了较短的船桅。他甚至幻想着这根短桅杆在战场上发挥功效，使领袖不得不赏赐他许多战利品以赞扬他的高明。

马西努斯见送来的是那根短的桅杆很生气，马上召来传令兵，要他对情况做出合理的解释。传令兵忙向他汇报说军械师如何费时费力地与他争辩，后来还承诺要送来较长的桅杆。马西努斯对这名军械师的自以为是深感震怒，于是，他下令马上把这名军械师带到他面前来。

又过了几天，军械师才到达，他没有察觉到领袖的震怒，反而为能够亲自向领袖阐述自己的正确理论而洋洋得意。他仍然以专家自居，滔滔不绝地说了许多专业术语，并表示在这些事务上专家的意见才是明智的。马西努斯见军械师仍然不改其说大话的老毛病，十分生气，立刻叫人剥光他的衣服，用棍子活活地将他打死。

这名军械师可能死后也不会搞懂自己错在什么地方，他设计了一辈子的桅杆和柱子，还被推崇为这方面最好的技师，凭他的经验，他知道自己是对的，因为较短的撞墙槌速度快、力道强，更适合攻城。他可能永远也没办法想通，在他费尽口舌向统帅解释了大半天，为什么统帅仍然坚持他的无知呢？

现实生活中，像军械师这样自以为是的人随处可见，即便在上司面前也不懂得收敛。虽然我们不能否认他们的聪明才智，但是这就犯了领导的大忌，他们或许能接受你的意见，而绝对不容许你替他做决定，你的越俎代庖，会让他觉得你是自作聪明，对他不够尊重。所以，记住：献策，而非决策。

王小姐年轻干练、活泼开朗，进入企业不到两年，就成为主力干将，是部门里最有希望晋升的员工。一天，公司经理把王小姐叫了过去："小王，你进入公司时间不算长，但看起来经验丰富，能力又强，公司开展一个新项目，就交给你负责吧！"

受到公司的重用，王小姐欢欣鼓舞。恰好这天要去上海某周边城市谈判，王小姐考虑到一行好几个人，坐公交车不方便，人也受累，会影响谈判效果；打车一辆坐不下，两辆费用又太高；还是包一辆车好，经济又实惠。

主意定了，王小姐却没有直接去办理。几年的职场生涯让她懂得，遇事向上级汇报是绝对必要的。于是，王小姐来到经理办公室。"老板，您看，我们今天要出去，这是我做的工作计划。"王小姐把几种方案的利弊分析了一番，接着说："我决定包一辆车去！"汇报完毕，王小姐满心欢喜地等着赞赏。

但是却看到经理板着脸生硬地说："是吗？可是我认为这个方案不

太好，你们还是买票坐长途车去吧！"王小姐愣住了，她万万没想到，一个如此合情合理的建议竟然被驳回了。王小姐大感不解："没道理呀，傻瓜都能看出来我的方案是最佳的。"

其实，问题就出在"我决定包一辆车"这句自作主张的话上。王小姐凡事多向上级汇报的意识是很可贵的，但她错就错在措辞不当。在上级面前，说"我决定如何如何"是最犯忌讳的。如果王小姐能这样说：经理，现在我们有三个选择，各有利弊。我个人认为包车比较可行，但我做不了主，您经验丰富，您帮我做个决定行吗？领导若听到这样的话，绝对会做个顺水人情，答应你的请求，这样才会两全其美。作为领导喜欢的是那些谦虚好学的下属，聪明的你要把你的决定以最佳的方式渗透给他，从主动的提议变成被动的接受。忌急躁粗暴，多倾听和征求老板的意见和建议，少做一些不容辩驳的决定和争论，即使你可能是对的。即使对待能力不强的上级，同样要保持尊重，不擅自行动和做决定。这些如果你都做不到，就有可能遭受老板的冷遇。因此，凡是要量力而行，不可擅做主张。

一个人的身份地位决定了一个人的行事风格。如果你是下属，那么即便你有天大的才能，即便你的上司是个白痴，你也不能自作主张，替他做决定。要知道他才是公司的最高决策者，你充其量只有提提建议的权力，你替他做决定，就等于无视他的存在，不把他放在眼里，如此，他怎么能够容忍？怎么会给你好果子吃？

4. 要懂得过满则溢的道理

我们知道，凡是鲜花盛开娇艳的时候，就要立即被人采摘而去，也就是衰败的开始。我们也知道，在武术中有一高难度拳术，即"醉拳"。"醉拳"的厉害，在于一个"装醉"，表面上看来跌跌撞撞，踉踉跄跄，不堪一推，而其实"形醉而神不醉"，醉醺醺之中却暗藏杀机，就在你麻痹大意之时，将你打趴在地。所以，有"花要半开，酒要半醉"之说，人生在世，也是这个道理。如果你才华横溢，聪明绝顶自然是好事，但同时也要懂得内敛，学会装醉，不然，当你志得意满，目空一切的时候，别人会把你当成了枪靶子、眼中钉。

春秋时期，郑庄公准备伐许。战前，他先在国都组织比赛，挑选先行官。众将一听露脸立功的机会来了，都跃跃欲试，准备一显身手。众将首先进行击剑格斗，都使出了浑身本领，争先恐后。经过轮番比试，选出了六个人来，参加下一轮射箭比赛。在比箭项目上，取胜的六名将领各射三箭，以射中靶心者为胜。第五位上来射箭的是公孙子都。他武艺高强，年轻气盛，向来不把别人放在眼里。只见他搭弓上箭，三箭连中靶心。他昂着头，瞟了最后那位射手一眼，退下去了。

最后那位射手是个老人，胡子有点花白，他叫颍考叔，曾劝庄公与母亲和解，立有大功。颍考叔上前，三箭射击，连中靶心，与公孙子都打了个平手。

只剩下两个人了，庄公派人拉出一辆战车来，说："你们二人站在百步开外，同时来抢这部战车。谁抢到手，谁就是先行官。"公孙子都轻蔑地看了对手一眼，哪知跑了一半时，公孙子都却脚下一滑，跌了个跟头。等爬起来时，颍考叔已抢车在手。公孙子都哪里服气，提了长戟就来夺车。颍考叔一看，拉起来飞步跑去，庄公忙派人阻止，宣布颍考叔为先行官。

公孙子都因此怀恨在心。颍考叔不负庄公之望，在进攻许国都城时，手举大旗率先从云梯上冲上许都城头。眼见颍考叔大功告成，公孙子都嫉妒得心里发疼，竟抽出箭来，搭弓瞄准城头上的颍考叔射去，一下子把没有防备后面的颍考叔射死了。

颖考叔的死是因为他不知道糊涂保身，锋芒太露的缘故。当今社会，此理仍然行得通。你不露锋芒，可能永远得不到重任；你锋芒太露却又易招人陷害。锋芒太露的人虽容易取得暂时成功，却为自己掘好了坟墓。当你施展自己的才华时，也就埋下了危机的种子。所以，做人切忌恃才自傲，不知饶人。锋芒太露易遭嫉恨，更容易树敌，也就是说，有时才华不宜显，有时聪明需内敛。

乾隆年间，纪晓岚以过人的才智名扬全国，深得皇上赏识。有一天，乾隆宴请大臣。大臣们吃得很开心，饮得也很畅快。乾隆又诗兴大发了，他出了上联："玉帝行兵，风刀雨箭云旗雷鼓天为阵。"

乾隆皇帝要求百官对下联，竟然没人能对得上。乾隆皇帝这下更来兴致了，他想显示他本人的才华，便点名要纪晓岚答对，想出一下这位大才子的丑。不料，纪晓岚却把下联对上来了："龙王设宴，日灯月烛山肴海酒地当盘。"话音刚落，群臣赞叹。

乾隆皇帝听后，却不高兴了。他面有怒色，半日沉吟不语。大家颇为纳闷。纪晓岚当然明白是自己得罪了皇上，便接着说："圣上为天子，所以风、雨、云、雷都归您调遣，威震天下；小臣酒囊饭袋，所以希望连日、月、山、海都能在酒席之中。可见，圣上是好大神威，而小臣我只不过是好大肚皮而已。"乾隆一听，立即笑逐颜开，连忙表扬纪晓岚，说："饭量虽好，但若无胸藏万卷之书，又哪有这么大的肚皮。"

乾隆出的上联显示了一代帝王的豪迈气概，不料纪晓岚下联一出，十分工整，显不出乾隆上联的才气。乾隆一听，自然不快。幸好，纪晓岚及时发现并为自己开脱，有意抬高乾隆，贬低自己。自然，君臣一唱一和，大家都高兴。

作为一个人，尤其是作为一个有才华的人，要做到不露锋芒，既有效地保护自我，又能充分发挥自己的才华，不仅要说服、战胜盲目骄傲自大的病态心理，凡事不要太张狂太咄咄逼人，更要养成谦虚让人的美德。所谓"花要半开，酒要半醉"，凡是鲜花盛开骄艳的时候，也就是衰败的开始。人生也是这样。当你志得意满时，且不可趾高气扬，目空一切，不可一世，这样你不遭别人当靶子打才怪呢！

所以，即使你有非常出众的才智，但也一定要谨记：锋芒太露，必遭人忌。不要把自己看得太了不起，更不要稍有成就便得意忘形，以为自己绝顶聪明。殊不知树敌太多，事事必受他人阻挠。该收敛时就收敛，夹起尾巴好做人，切勿光芒晃人眼。

老子曾经说过："良贾深藏若虚，君子盛德容貌若愚。"即善于做生意的人，总是隐藏其宝货，不叫人轻易看见；君子之人，品德高尚，容貌却显得愚笨拙劣。因此告诫世人，"花要半开，人要半醉"。有才华是好事，但不能作为炫耀的资本，既要显露才华，又要明哲保身，这才是为人处世、人际交往之上策。

5. 骄傲是无知的表现

骄傲是一个人对自己在某个方面或领域有卓越价值的肯定，是人对自己成绩的认知。生活中，人们总是不会缺乏骄傲的理由，一件新衣服，一种新发型，都能引起他们的骄傲之情。骄傲的情绪，人所难免，但过度的骄傲就是虚荣。

很多时候，骄傲和虚荣常常是一对孪生兄弟，虚荣的结果常常是骄傲。一个心性骄傲的人，从不会把别人放在眼里的，他们都认为自己比别人强。但他们忘了，高傲的人只能让人厌烦，要知道人外有人，太过骄傲只能自取其辱。

古时候有则笑话，说有人做了首诗自吹道："天下文章有三江，三江文章唯我乡，我乡文章数舍弟，舍弟跟我学文章。"转了一个大弯，还是自己的文章好，如此骄傲之人做的文章未必就真好。

生活中，我们也常常会遇到这样的情况，越是知识渊博的人越表现的谦逊无比，相反只有那些"一瓶不满半瓶晃荡"的人越喜欢张扬。所以，一个人要想圆通处世或者成就大事都必须要戒傲，做到有才学而不张扬，有情趣而不肤浅！

相传南宋时江西有一名士傲慢之极，凡人不理。一次他提出要与大诗人杨万里会一会。杨万里谦和地表示欢迎，并提出希望他带一点江西的名产配盐幽菽来。名士一听就傻了眼，他实在搞不懂杨万里要他带的是什么东西，只好："请先生原谅，我读书人实在不知配盐幽菽是什么乡间之物，无法带来。"

杨万里则不慌不忙从书架上拿下一本《韵略》，翻开当中一页递给名士，只见书上写着："豉，配盐幽菽也。"原来杨万里让他带的就是家庭日常食用的豆豉啊！此时名士面红耳赤，方恨自己读书太少，始觉为人不该傲慢。

骄傲有很多的害处，但最危险的结果就是让人变得盲目，变得无知，变得更加虚荣。骄傲会培育并增长盲目，让我们看不到眼前一直向前延伸的道路，让我们觉得自己已经到达山峰的顶点，再也没有爬升的余地，而实际上我们可能正在山脚徘徊。所以说，骄傲是阻碍我们进步的大敌。

曾经有一个学者，学富五车，精通各种知识，所以自认为无人可以和自己相比，很是骄傲。他听说有个禅师才学渊博，非常厉害，很多人在他面前都称赞那个禅师，学者很不服气，打算找禅师一比高下。学者来到禅师所在的寺院，要求面见禅师，并对禅师说："我是来求教的。"

禅师打量了学者片刻，将他请进自己的禅堂，然后亲自为学者倒茶。学者眼看着茶杯已经满了，但禅师还在不停地倒水，水溢出来，流得到处都是。"禅师，茶杯已经满了。""是啊，是满了。"禅师放下茶壶说，"就是因为它满了，所以才什么都倒不进去。你的心就是这样，它已经被骄傲、自满占满了，你向我求教怎么能听得进去呢？"

骄傲是陷阱，只有克服和防止骄傲，才能在人生之路上不断前进。古人讲："君子宽而不慢。"综观古今中外成大事者，都是虚怀若谷、好学不倦、从不骄傲的人。

骄傲是目中无人的盲目行为，是不自量力的狂妄作风。骄傲的本质是自我崇拜，是虚荣心膨胀的体现。当一个人过高地估计了自己的地位、声誉和财富，并对此产生自我崇拜时便产生骄傲的心态。骄傲的人，其实是无知的人，他们不知道自己能吃几碗干饭，他们不懂自己只是沧海一粟……

6．若真有本事，又何须炫耀

是金子，无论在哪里都会发光。如果你有才华，那么就无需炫耀自己，无需哗众取宠，无需靠别人的眼光来证明自己的存在。有些人为了满足自己的虚荣心，总喜欢炫耀和表现自己。真是"老王卖瓜，自卖自夸"。其实，你若真有本事又何须炫耀？

先来看一则寓言故事：

斑鸠强占了小喜鹊的窝，看着无家可归的喜鹊，斑鸠开心地说："你可知道谁是鸟中之王？"

小喜鹊胆战心惊地说："您是鸟中之王！"斑鸠满意地飞走了。不久斑鸠又啄光了小麻雀头上的毛，然后傲慢地问小麻雀："你可知道谁是鸟中之王？"

小麻雀吓坏了，结结巴巴地说："当然您……您是鸟中之王。"

斑鸠这下神气极了，它真的把自己当做鸟中之王了，耀武扬威的飞来飞去，见到一种鸟就向其炫耀自己的身份。迎面碰到了老鹰，它又问老鹰："你可知道谁是鸟中之王？"然后得意洋洋地等待着回答。

可是它没有听到老鹰说它是鸟中之王的回答，只看到老鹰扇了一下翅膀，它感到一股强风向自己袭来，然后就重重地从空中跌落在草丛里。它听到老鹰在它头顶恶狠狠地说："这下你知道谁是鸟中之王了吧？"

斑鸠不知高低，自我吹嘘为鸟中之王，结果被老鹰一巴掌就打出了原形，威风扫地。其实，真正实力雄厚的才是王者，光靠嘴上功夫是吹不出实力的。有本事要让别人去说，不能老王卖瓜自卖自夸。不知收敛、吹嘘自己的人，当真相被揭开时只会颜面无光、威风扫地。

生活中有些人总好炫耀自己曾经的辉煌，甚至把炫耀先人的业绩当做自己的光荣，这是并不光彩的。资历深自然值得尊重，但老是挂在嘴唇上当歌唱，就会贬值了。一个真正成功的人是不喜欢自吹自擂的，因为群众的眼睛是雪亮的，如果你真有本事，又何须炫耀呢？

东汉初时的名将冯异在建立东汉王朝的战争中屡立功勋，然而他在每次战争后，总独自躲在大树下，而不像其他人那样，聚在一处争说自己的功劳，因而他赢得了"大树将军"的美称。梁国的宰相沈约对梁武帝称赞冯道根说："此陛下之大树将军也！"功劳是客观存在的，别人抹杀不掉，自己的吹嘘也终是徒劳。

实际上也是这样，有不少居功自傲的人，最终还是落得身败名裂的下场，只有那些继承了谦虚美德的老实人才能"赢得生前身后名"，为人所津津乐道。

美国南北战争时，北军格兰特将军和南军李将军率部交锋，经过一番空前激烈的血战后，南军一败涂地，溃不成军，李将军还被送到爱浦麦特城去受审，签订降约。无疑格兰特将军是最后的胜利者，但是他并没有对自己的成绩自吹自擂，而是表现得非常谦虚。他很谦恭地说：

"李将军是一位值得我们敬佩的人物。他虽然战败被擒，但态度仍旧镇定异常。像我这种矮个子，和他那六尺高的身材比较起来，真有些相形见绌。他仍是穿着全新的、完整的军服，腰间佩着政府奖赏他的名贵宝剑；而我却只穿了一套普通士兵穿的服装，只是衣服上比士兵多了一条代表中将官衔的条纹罢了。"这一番谦虚的话听在人家耳里，远比数次的自吹自擂好得多。

有本事要让别人去评价，不必自我吹嘘、自我炫耀，因为你的成绩，你的成功，别人会比你看得更清楚。只有对自己的成就持有怀疑态度的人，才爱在人家面前强出头，以掩饰那些令人怀疑的地方。

曾经有人说："愈是不喜欢接受别人赞誉的人，愈是表明他知道自己的成功是微不足道的。"假使一个人常常把一点微不足道的成绩当做一桩了不得的事情，那他无异于是在欺骗自己，就像那些被魔术欺骗了的观众一样。这样的人早晚将会走上失败之路，因为他早已没有自知之明了，一个没有自知之明的人做事就如同盲人摸象，又如何会取得成功呢？

好自我炫耀的人，常常是外强中干的。他们的目的只不过是为了引起大家对他的关注，以满足自己的虚荣心。没有本事就不要胡乱吹嘘，否则被人揭穿真相会颜面尽失。有真本事也不要挂在嘴上，俗话说"群众的眼睛是雪亮的"，你有几斤几两，旁观的人心知肚明。因此还是收敛一下嘴上功夫，用行动说话最好。

7. 耍小聪明只会自食其果

洪应明在《菜根谭》中说："文章做到好处，无有他奇，只是恰好。"才智的使用也是如此，用至好处，应是适当。当智则智，当愚则愚，愚也是一种智。必要时，甚至装一装"低能儿"，做一做"糊涂人"，都是明智之举。明朝刘基云："智而能愚，则天下之智莫加焉"，意思是说，智者能带几分愚，就是天下的大智慧了。所以说，大智若愚总是智，贵在"大智"，妙在"若愚"。

可惜很多爱慕虚荣的人都不懂得大智若愚的道理，他们认为自己聪明过人，有才气，能力强，故而沾沾自喜，看谁都是豆腐渣，唯有自己是朵花。

其实，聪明人分两种，一种是真聪明，一种是假聪明，也就是小聪明，区别在于他们对聪明的使用不同。前者懂得韬光养晦，也就是能够审时度势做到深藏不露，不到火候时不会轻易使用，大智若愚。后者则盲目自傲、自以为是、好大喜功，大愚若智，这就是小聪明。

西方有这样一种说法：法兰西人的聪明藏在内，西班牙的人的聪明露于外。前者是真聪明，后者是假聪明。在从政的过程中，在出将入相的过程中，切忌只知伸不知屈；只知进不知退；只知耍小聪明，不知深煎于密；只知自我显示，不知韬光养晦。

古人说："君子要聪明不露，才华不逞。"如果一个人总是喜欢显露自己的才干，那么他必然会遭受很多的挫折，这是做人太单纯的表现。在现实生活中，做人要善于藏锋露拙。有才干本是好事，但是带刺的玫瑰最容易伤人，也会刺伤自己。

所以，真正聪明的人会掌握"度"，所谓"过犹不及"就是说，太聪明了反倒不如不聪明。明代大政治家吕坤以他自己丰富的阅历和对历史人生的深刻洞察，在《呻吟语》中说了一段十分精辟的话："精明也要十分，只须藏在浑厚里作用，古今得祸，精明人十居其九，未有浑厚而得祸者。今之人唯恐精明不至，乃所以为愚也。"译成今天的话就是：精明还是非常需要的，但要在"浑厚"中悄悄地运用。古往今来得祸的人绝大多数都是精明的人，没有因浑厚而得祸的。现在的人唯恐不能精明到极点，这就是之所以愚蠢的原因啊！

耍小聪明的人有两种灾祸，一个是被人猜忌防范而招祸，一个是自己会把事情办坏而难成大事。它可以使人得意于一时，获得心理上的满足，然而终究还是自毁，永远不会取得真正的、伟大的成功。一个欲成大事的从政人员若耍小聪明就会早早被扼杀在摇篮里。因而，我们要从杨修之死中吸取深刻的教训，在人际关系复杂的社会里，不要一味只是耍小聪明，炫耀自己的才能，必须懂得待人接物的大智能，才不致吃亏、遭忌。

《菜根谭》说："操履不可少变，锋芒不可太露。"意指自己的操守和志向不可有一点改变，自己的才华和锐气更不可过分暴露。又说："聪明人宜敛藏，而反炫耀，是聪明而愚懵其病矣！如何不败？"一个才智出众的人，应该是聪明不露，才华不逞，深藏若虚。若自以为了不起，过分炫耀自己，表面上看来像是聪明，其实却有点近乎无知，这样的人又如何不失败呢？

锋芒毕露，炫耀才能，不仅会招致旁人忌恨，并且也会使自己轻浮自傲，恃才自售。所以，一个人无论身处官场还是商场，都最忌一味地耍小聪明，不管必要或不必要，不管合适不合适，时时处处显露精明，那样不仅不会对你未来的发展有所帮助，反而会成为招灾引祸的根源。

第四章　低调做人从低调说话开始

> 初次见面，人们以"怎么说话"来评判一个人，长时间相处，人们更多地以"说什么话"以及说之后的作用来评判一个人。所以说话不是词藻的简单堆砌，而是一个人思想境界和处世态度的具体体现。要想低调做人，就得从改变处世态度和说话方式做起。

1. 学会面带微笑去说话

在生活中，人们脸上的微笑，就是向人表示：我喜欢你，我非常高兴见到你！

微笑是从内心发出的，那种不诚意的微笑，是机械的、敷衍的，也就是人们所说的那种"皮笑肉不笑"的笑容，那是不能欺骗谁的，也是我们所反对的、厌恶的。

纽约一家极具规模的百货公司里的人事部主任谈到雇人的标准时说，他宁可雇用一个有可爱的微笑、小学还没有毕业的女孩子，也不愿意雇用一个冷若冰霜的哲学博士。

如果你希望别人用一副高兴、欢愉的神情来对待你，那么你自己必须先要用这样的神情去对别人。

建议那些商界人士，尽量对每一个人微笑。斯坦哈德在纽约证券交易所上班，他给人的感觉是那种很严肃的人，在他脸上难得见到一丝笑容。

斯坦哈德结婚已有18年了，这么多年来，从他起床到离开家这段时间内，他很难得对自己的太太露出一丝微笑，也很少说上几句话，家里的气氛很沉闷。他决定改变这种状况。一天早晨他梳头的时候，从镜子里，看到自己那张绷得紧紧的脸孔，他就向自己说：比尔，你今天必须要把你那张凝结得像石膏像的脸松开来，你要展现出一副笑容来，就从现在开始。坐下吃早餐的时候，他脸上有了一副轻松的笑意，他向太太打招呼：亲爱的，早！

太太的反应是惊人的，她完全愣住了，可以想象到，那是由于她意想不到的高兴，斯坦哈德告诉她以后都会这样。从那以后，他们家庭的生活已完全变了样。

现在斯坦哈德去办公室，会对电梯员微笑地说：你早！去柜台换钱时，对里面的伙计，他脸上也带着笑容。就是在交易所里，对那些素昧平生从没有见过面的人，他的脸上也带着一缕笑容。

不久他就发现每一个人见到他时，都向他投之一笑。对那些来向他道"苦经"的人，他以关心的、和悦的态度听他们诉苦。而无形中他们所认为苦恼的事，变得容易解决了。微笑给他带来了很多很多的财富。

斯坦哈德和另外一个经纪人合用一间办公室。他雇用了一个职员，是个可爱的年轻人，那位年轻人渐渐地对他有了好感。斯坦哈德对自己所得到的成就，感到得意而自傲，所以他对那位年轻人提到"人际关系学"。那位年轻人这样告诉斯坦哈德，他初来这间办公室时，认为他是一个脾气极坏的人。而最近一段时间以来，他的看法已彻底地改变过来了。他夸斯坦哈德微笑的时候很有人情味！

现在斯坦哈德是一个跟过去完全不同的人了，一个更快乐、更充实的人，因拥有友谊及快乐而更加充实。

如果你觉得自己笑不出来，那怎么办？不妨试一试，强迫自己微笑。如果你单独一人的时候，吹吹口哨，唱唱歌，尽量让自己高兴起来，就好像你真的很快乐一样，那就能使你快乐。哈佛大学的詹姆斯教授曾说："行动好像是跟着感觉走的，可是事实上，行动和感受是并行的。所以你需要快乐时，就要强迫自己快乐起来。"

人是很容易被感动的，而感动一个人靠的未必都是慷慨的施舍和巨大的投入。往往一个热情的问候，温馨的微笑，都足以在人的心灵中洒下一片阳光。如果你要改变说话的效果，就先从改变那副板着的面孔、露出一个微笑开始。

2. 没有人喜欢被强迫

任何人都不喜欢，被强迫着去做事或者接受他人的意见。人们都喜欢按自己的心愿去做。同时，喜欢有人来征求我们的意见、愿望和想法。

韦森先生在研究人类关系学之前，损失了无数应该获得的佣金。韦森是一家服装图样设计公司的推销员，他几乎每星期都去找纽约某位著名的设计家，这样已经有三年的时间了。每次这位设计家都不拒绝见韦森，而且还总是把韦森带去的图案仔细看一遍，但就是不买。

经过了一百五十次的失败后，韦森觉得自己必是过于墨守成规。所以他决定每星期利用一个晚上的时间，去研究一下人际关系的法则，以帮助自己获得一些新的思想，产生新的热诚。

不久，他决定采用一种方法。他拿了几张那些设计家们尚未完成的图样，走进那位买主的办公室。这次，他并没有像往常那样请求买主购买这些图案，而是请求设计师提出自己的意见，然后把它完成。设计师把草图留了下来，让韦森三天后去找他。

三天后，韦森又去他那里，听了建议后，把图样拿回去，按照那位买主的意思画完。这笔交易结果如何？不用说这位买主完全接受了。

那是九个月以前的事，自从那笔生意完成后，这位买主又订了十张图样，都完全是照着他的意思画的，韦森就这样赚了1600多元的佣金。

韦森过去失败的原因——总是强迫设计师买他认为对方需要的图样。可是现在韦森所做的，跟过去完全不一样了。韦森请设计师提出他自己的意见，使设计师觉得那些图样是自己设计的。现在韦森不用要求他买，他自己也会来向韦森买。

长岛有一位汽车经销商，用了同样的方法把一辆旧汽车卖给了一对苏格兰夫妇。过去这位汽车经销商，把汽车一辆又一辆地给那苏格兰人看，但他们总是认为有问题，不是嫌这辆不合适，就是嫌那辆什么地方有了损坏，再不就是价钱太高。

同事建议别强迫那种意志不定的人买他的汽车，要让他自己来买，也不必建议他买哪一种牌子的汽车。总之，要让顾客觉得这是他自己的意愿。

几天后，有一位顾客想把他的旧汽车换一辆新的，那位汽车商就想到了那个苏格兰人，也许他喜欢这辆旧式的汽车。于是他打了个电话，给那个苏格兰人，说是有个问题想请教他。

那位苏格兰人接到他的电话后，马上就来了。汽车商请他帮忙评估一下车子的价格。

那位苏格兰人听到这些话后，满面笑容，终于有人来请教他了。驾着这部车子兜了一圈，回来后他建议商人以三百元买进这辆车子。

于是汽车商问他愿不愿意以三百元的价格购买这辆车。他当然愿意，因为这是他的意思、他的估价。所以这笔生意立刻就成交了。

人与人之间的理解，一向是人际沟通当中最重要也是最容易被忽略的关键。每个人都有自己既定的立场，也因此而习惯于执著在本身的领域当中，却忘了别人也和自己一样，有着他固执的一面。

3. 把别人说成多好他就有多好

每个人都是自己内心的理想家，都把自己看得很高尚，都喜欢给自己的行为动机赋予一种良好的解释。因此在与人相处时要改变一个人的意志，就要激发他高尚的动机。

银行家培庞·摩根在他的一篇文章中说：人会做一件事，都有两种理由存在。一种是看起来很好，一种是的确很好。

人们会时常想到那个真实的理由，而我们都是自己内心的理想家，较喜欢有高尚的动机。所以要改变一个人的意志，需要激发他高尚的动机。

汉密尔顿的法瑞有一个很挑剔的房客，扬言要搬离他的公寓。但这房客的租约，尚有四个月才期满，每个月的租金是 55 元，可是他却声称立即就要搬，不管租约那回事。

这个房客，已在法瑞这里住了一个冬季。如果搬走的话在秋季前，这房子是不容易租出去的。眼看 220 元就要从口袋飞走了，法瑞实在是着急。如在以前，法瑞一定找那个房客，要他把租约重念一遍，并向他指出，如果现在搬走，那四个月的租金，仍须全部付清。

可是，这次法瑞只是向他这样说："先生，听说你准备搬家，可是我不相信那是真的。我从多方面的经验来推断，我看出你是一位说话有信用的人，而且我可以跟自己打赌，你就是这样的一个人。"

房客静静地听着，没有做任何表示，接着法瑞提了个建议，让房客将他所决定的事，先暂时搁在一边，不妨再考虑一下。并给了他充裕的时间，如果到时候还是决定要搬的话，法瑞说他将会接受他的要求。

最后，法瑞一再强调他相信对方是个讲信用的人，会遵守自己的租约。

事情果然不出法瑞所料，到了下个月这位先生自己来见他，并且付了房租。并说，这件事已经跟他太太商量过，他们都认为至少应该住到期满。

已故的洛史克力夫爵士发现一份报刊上刊登出一张他不愿意刊登的相片，他就写了一封信给那家报社的编辑。他那封信上没有这样说："请勿再刊登我那张照片，因为我不喜欢。"他想激起高尚的动机，他知道每个人都尊敬自己的母亲，所以他在那封信上，换上另外一种口气说："由于家母不喜欢那张照片，所以贵报以后请勿刊登出来。"

当约翰·洛克菲勒要阻止摄影记者拍他子女的照片时，便想起一个人人都不愿伤害儿童的高尚动机。他对记者们这样说："诸位，我相信你们之中有很多都是孩子们的爸爸，如果让孩子们成了新闻人物，那并不是适宜的。"

柯狄斯本来是梅恩州一个贫苦人家的孩子，后来成为《星期六晚报》和《妇女家庭杂志》的负责人，赚了几百万元。他创业之初，不能像别家的报纸、杂志一样，付出高价买稿子。他没有能力聘请国内第一流作家替他执笔撰稿，可是，他运用了人们高尚的动机。

例如，他会请《小妇人》的作家奥尔克特为他撰写稿子，并且当时是她声望最高的时候。柯狄斯所使用的方法很突出，他签了一张一百元的支票，他不是把支票给奥尔克特，而是捐助给她最喜欢的一个慈善机构。

或许有人会怀疑说："以这种手法，用在洛史克力夫、约翰·洛克菲勒和富于情感的小说家身上，或许会有效。可是，朋友，你这种方法，如果用在那些难缠的人身上，是不是一样有效？"

不错，没有一样东西能在任何情形下产生同样的效果；没有一样东西，能在所有人身上都发生效力。如果你满意你现在所得到的结果，那又何必再改变呢？假如你认为不满意的话，那就不妨试验一下。

信别人就是信自己，这是推己及人的道理，信任不值得信任的人，会改变这个人，使他值得信任；信任值得信任的人，会使这个人更加值得信任。

4. "场面话"不是可有可无的

一踏入社会，应酬的机会就多了，这些应酬包括去别人家做客、赴宴、会议及其他聚会等。不管你对某一次应酬满不满意，"场面话"一定要讲。

什么是"场面话"？简言之，就是让主人高兴的话。既然说是"场面话"，可想而知就是在某个"场面"才讲的话，这种话不一定代表你内心的真实想法，也不一定合乎事实，但讲出来之后，就算主人明知你"言不由衷"，也会感到高兴。说起来，讲"场面话"实在无聊之至，因为这几乎和"虚伪"画上等号，但现实社会就是这样，不讲就好像不通人情世故了。

聪明人懂得："场面之言"是日常交际中常见的现象之一，而说场面话也是一种应酬的技巧和生存的智慧，在人世间生存的人都要懂得去说，习惯于说。

（1）学会几种场面话

当面称赞他人的话——如称赞他人的孩子聪明可爱，称赞他人的衣服大方漂亮，称赞他人教子有方等等。这种场面话所说的有的是实情，有的则与事实存在相当的差距，而这种话说起来只要不太离谱，听的人十有八九都感到高兴，而且旁人越多他越高兴。

当面答应他人的话——如"我会全力帮忙的"、"这事包在我身上"、"有什么问题尽管来找我"等。说这种话有时是不说不行，因为对方运用人情压力，当面拒绝，场面会很难堪，而且当场会得罪人；对方缠着不肯走，那更是麻烦，所以用场面话先打发一下，能帮忙就帮忙，帮不上忙或不愿意帮忙再找理由，总之，有缓兵之计的作用。

所以，在很多情况下，场面话我们不想说还不行，因为不说，会对你的人际关系造成影响。

（2）如何说场面话

去别人家做客，要谢谢主人的邀请，并盛赞菜肴的精美、丰盛、可口，并看实际情况，称赞主人的室内布置，小孩的乖巧聪明……

赴宴时，要称赞主人选择的餐厅和菜色，当然感谢主人的邀请这一点绝不能免。

参加酒会，要称赞酒会的成功，以及你如何有"宾至如归"的感受。

参加会议，如有机会发言，要称赞会议准备得周详……

参加婚礼，除了菜色之外，一定要记得称赞新郎新娘的"郎才女貌"……

说"场面话"的"场面"当然不只以上几种，不过一般大概离不了这些场面。至于"场面话"的说法，也没有一定的标准，要看当时的情况决定。不过切忌讲得太多，点到为止最好。

总而言之，"场面话"就是感谢加称赞，如果你能学会讲"场面话"，对你的人际关系必有很大的帮助，你也会成为受欢迎的人。

5. 场面上要注意礼节和措辞

在礼节场合与人说话时，不要故作姿态，更不要"皮笑肉不笑"，给人以虚伪的印象。要让对方感到自己热情、实在、值得信任。因此，说话时的动作要适度、端庄，在必要时可做些手势。如果坐着说话，手不要搭在邻座的椅背上，腿不要乱跷、乱晃、随便颤抖，更不要一边说话一边修指甲、剔牙齿、挖耳搔痒等等。

美国人一般性格外向、感情丰富。他们欣赏英俊的外貌，沉着潇洒、彬彬有礼的绅士风度，赞赏幽默机智的谈吐。1960 年，尼克松败在肯尼迪手下，就是因为在电视辩论中风度与谈吐均不如肯尼迪。里根之所以能当上总统，与他在当电影演员时培养出来的潇洒风度和练就的好口才有很大的关系。从外部形象看，年仅 46 岁的高大、英俊的克林顿当然比年纪老迈的布什占有很大的优势，但布什是一个很难对付的对手，他是一个老牌政客，在从政经验的丰富与外交成就的显赫这两个方面，克林顿无法同他相比。故而克林顿在三次电视辩论中决定采用以柔克刚的办法，不咄咄逼人，不进行人身攻击，要在广大听众面前展示出一个沉着稳重、从容大度的形象。在 1992 年 10 月 15 日第二次电视辩论中，辩论现场只设一个主持人，候选人前面都没有讲桌，只有张高椅子可坐，克林顿为了表示他对广大电视观众的尊敬，一直没有坐，并且在辩论中减少了对布什的攻击，把重点放在讲述自己任阿肯色州州长 12 年间所取得的政绩上。克林顿的这种以柔克刚、彬彬有礼的做法，立即赢得了广大电视观众的好感。

最后一次电视辩论中，克林顿英俊潇洒的姿态，敏捷的论辩与幽默机智的谈吐使他大出风头。他在对布什的责难进行了有效的反驳以后，很得体地对广大电视观众说："我既尊敬布什先生在白宫期间的为国操劳，又希望选民能鼓起勇气，敢于更新，接受更佳人选。"话音刚落，掌声雷动。

克林顿要想圆他的总统梦，必须把布什拉下马，克林顿深知电视辩论的重要。如果在电视辩论中表现出色，加上舆论界广为宣传，就将为入主白宫铺平道路；如果在电视辩论中惨遭失败，那么，他的总统梦将化为泡影。

为了在电视辩论中获胜，克林顿的竞选班子绞尽了脑汁，制订出了有礼有节、以柔克刚的有效的辩论方法。

电视辩论不但可以显示总统候选人的竞选主张，更重要的是还能展示候选人的素质和能力，如形象、风度、思维能力、表达能力、应变能力等。克林顿抓住电视这个受众面最广的传媒、在辩论中以说"礼"话的策略与布什竞选，赢得了广大选民的信任和支持，也展示了自身良好的风度和形象。

6. 自我介绍要得体

在求人办事时，自我介绍是必不可少的。从交际心理上看，人们初次见面，彼此都有一种了解对方，并渴望得到对方尊重的心理。这时，如果你能及时、简明地进行自我介绍，不仅满足了对方的渴望，而且对方也会以礼相待，自我介绍。这样，双方以诚相见，就为彼此的沟通及进一步交往奠定了良好的基础。

而且，在参加社交集会时，主人不可能把每一个人的情况都介绍得很详细。为了增进了解，你不妨抓住时机，多作几句自我介绍。时机有两种：一是主人介绍话音刚落时，你可接过话头再补充几句；二是如果有人表示出想进一步了解你的意向时，你可作详细的自我介绍。

自我介绍时应注意以下几点：

（1）要有自信心。在日常交往尤其是求人办事时，有些人怕见陌生人，见到陌生人，似乎思维也凝固了，手脚也僵硬了。本来伶牙俐齿的，变得说话结巴；本来拙嘴笨舌的，嘴巴更像贴了封条。这种状况怎能介绍好自己呢？要克服这种胆怯心理，关键是要自信。有了自信心，才能介绍好自己，给别人留下好的印象。

（2）要真诚自然。有人把自我介绍称为自我推销。既然推销产品时需要在"货真价实"的基础上作宣传，那么推销自我时也不能不顾事实而自我炫耀。因此，做自我介绍时，最好不要用"很"、"最"、"极"等极端的词汇，给人留下"狂"的印象；相反，真诚自然的自我介绍，往往能使自己的特色更闪闪发光，引起人们的注意。

（3）要考虑对象。自我介绍的根本目的是要给对方留下一个印象，因此要站在对方理解的角度来说话。

所以，在介绍自己时，一定要重视那个或那群与你打交道的人，要随机应变。如你面对的是年长、严肃的人你最好认真规矩些；如与你打交道的人随和而具有幽默感，你不妨也比较放松地展示自己的特点，做出有特色的自我介绍来。

总之一句话，要在自我介绍中表现出你的口才，使它成为与人沟通和进一步交往的前提。

7. 生活中每一次谈话都要注意倾听

任何一件小事都是不应该被人们忽视的。也许人们不相信在生活中，时时刻刻注意倾听都可以使你的生活里充满阳光和爱意。有一位女士就非常注意这一点，无论是对大人还是对孩子。当她的儿子罗伯特和她谈心的时候，她总是很注意地倾听。有一天，罗伯特问她："妈妈，你爱我吗？"她点点头："那是当然。"罗伯特对她说："每当我说话时你总是放下手中的工作认真地听我讲，在那个时候，我感到你是爱我的。这样的事在生活中天天都在发生，而我们却没有注意到。"

如果是一个你喜欢的人向你倾诉，听听倒也无妨，如果你根本不愿意跟他啰嗦，那你该怎么办呢？

遇到这种情况，你就应该分析一下，正如卡耐基所说，"如果在你的日常生活中，你不想听他说你也觉得没必要跟他交朋友，这时，你可以不听。但是，要记住一点，千万不要让他下不了台。如果你让他下不了台，就是不尊重他，这是不礼貌的行为，因为这是社交中最基本的礼貌。他滔滔不绝地说下去，你可以做一些动作来暗示他停止他的谈话。例如，你眼睛不瞧他，而向其他地方看，并不时地改变方向。或者信手翻阅一本书，并装出对书的内容极感兴趣，越看越出神。有时，不时地看表，脸上做出很焦急的样子。如果你还具有表演天赋的话，做点'欲言又止'的动作让他看看。这样，他就知道你根本对他的话不感兴趣，就会知趣地停住。通过以上方法，我们可以轻易地摆脱对方话语的'纠缠'而又使他不失面子。"

但是，如果你是一位推销员或者你是一位调解员，不管对方有多么讨厌，你都要耐着性子听下去，并要注意对方的话，因为这是你的工作需要，你要得到别人的好感，这样才对你的工作有利。如果你像上面所说的那样对待对方，那么只会把成功变为泡影。

第五章　把忍让当做一种生存智慧

　　做人要低调似乎是个老生常谈的话题，但绝对是为人处世的一大玄机。所谓低调也就是放低自己、抬高别人，可以迅速拉近与他人的距离，避免成为别人的敌对目标。低调做人说起来如此简单，但当一个人功成名就的时候，能做到低调做人的又有几人呢？

1. 遇事低头就没有过不去的桥

　　有了一点成绩就洋洋自得，自以为高不可攀，这样的人注定要摔大跟头。更多的人本来就在别人的屋檐下，也就更需要适时低头。民间有一句俗语，叫"人在屋檐下，不得不低头"。就是说，人在力量不如别人的时候，不能不低头退让。这句话，可以说洞彻世事人情，非常有智慧。然而，仔细看这句话的后半句，我们会发现"不得不"一词里隐含着太多的勉强和无奈，这是一种消极的、不情愿的低头，既然是勉强和不情愿的，做起来就不免流露出不满的情绪，这种不满如果让对方看到，很可能会影响你处世的效果。因而，我们要把这句俗语改成"人在屋檐下，一定要低头"。把"不得不"改成"一定要"并不是在玩文字游戏，而是要求权势和力量不如对方的人要积极主动地低下头来，变消极为积极，变不情愿为心甘情愿。

　　所谓的"屋檐"，通俗点说，就是别人的势力范围，也就是说，只要你在这势力范围之中，靠这势力生存，那么你就在别人的屋檐下了。这屋檐有的很高，任何人都可抬头站着，但这种屋檐不多，以人类容易排斥"非我族群"的天性来看，大部分的屋檐都是非常矮的！也就是说，进入别人的势力范围时，你会受到很多有意无意的排斥和限制，以及不知从何而来的欺压，除非你强大到不用靠别人来过日子的程度。即使如此，你也不能保证一辈子都可以如此自由自在，不用在人屋檐下避避风雨。所以，在人屋檐下的心态就有必要调整了。

所以，只要是在别人的屋檐下，就"一定"要低下头，不用别人来提醒，也不用撞到屋檐了才低头。

"一定要低头"，起码有这样几个好处：你很主动地低下了头，不致成为明显的目标；不会因为头抬的太高而把矮檐撞坏。要知道，不管撞坏撞不坏，你总要受伤的，尽管你的头是"铁"的，但老祖宗早就有"伤敌一千，自损八百"的古训。不会因为脖子太酸，忍受不了而离开能够躲风避雨的"屋檐"。离开不是不可以，但是必须考虑要去哪里。要知道，一旦离开，再想回来就不那么容易了。在"屋檐"下待久了，就有可能成为屋内的一员，甚至还有可能把屋内人赶出来，自己当主人。

在历史上，各种斗争，极其复杂，忍受暂时的屈辱，低头磨炼自己的意志，寻找合适的机会，是一个欲成大事者必不可少的心理素质。西汉时期的韩信忍胯下之辱正是这种"一定要低头"的最好体现。因为他不低头就把自己弄到和地痞无赖同等的地步，奋起还击，闹出人命吃官司不说，还很可能赔上一条小命。

另一种"一定要低头"，属于更高一个层次。就是有意识地主动消隐一个阶段，借这一阶段来了解各方面的情况，消除各方面的隐患，为将来的大举行动做好前期的准备工作。隋朝的时候，隋炀帝十分残暴，各地农民起义风起云涌，隋朝的许多官员也纷纷倒戈，转向农民起义军。因此,隋炀帝的疑心很重,对朝中大臣,尤其是外藩重臣,更是易起疑心。唐国公李渊(即唐太祖)曾多次担任中央和地方官,所到之处,有目的地结纳当地的英雄豪杰,多方树立恩德,因而声望很高,许多人都来归附。这样,大家都替他担心,怕遭到隋炀帝的猜忌。正在这时,隋炀帝下诏让李渊到他的行宫去晋见。李渊因病未能前往,隋炀帝很不高兴,多少有点猜疑之心。当时,李渊的外甥女王氏是隋炀帝的妃子,隋炀帝向她问起李渊未来朝见的原因,王氏回答说是因为病了,隋炀帝又问道:"会死吗?"

王氏把这消息传给了李渊,李渊更加谨慎起来,他知道隋炀帝对自己起疑心了,但过早起事又力量不足,只好低头隐忍,等待时机。于是,他故意广纳贿赂,败坏自己的名声,整天沉湎于声色犬马之中,而且大肆张扬。隋炀帝听到这些,果然放松了对他的警惕。试想,如果当初李渊不主动低头,或者头低得稍微有点勉强,很可能就被正猜疑他的隋炀帝杨广除掉了,哪里还会有后来的太原起兵和大唐帝国的建立?

"一定要低头"的目的,是为了让自己与当时的环境有和谐的关系,把二者的磨擦降至最低,是为了保存自己的能量,以便走更长远的路,更为了把不利的环境转化成对你有利的力量,这是一种柔软,一种权变,更是最高明的生存智慧。

在人屋檐下是我们经常遇到的情况,它可能会以很多不同的方式出现,当你看到了"矮檐",请不要"不得不",而要告诉自己:"一定要低头"!

2. 肯退一步才能进一步

面对矛盾,一般最简单的做法就是用强去争,但可能对方比你还强,你用强人亦用强,结果就不那么妙了。实际上,在聪明人看来,低头不单是缓和矛盾，也能化解矛盾，而争只有在极端的情况下才能解决矛盾，而在多数情况下只能是激化矛盾。在很多事情上，头低一些，退让一步，不但自己过得去，别人也过得去了，产生矛盾的基础不复存在，矛盾自然就化解了。彼此能够相安，离祸端就远了。

明朝年间，在江苏常州地方，有一位姓尤的老翁开了个当铺，有好多年了，生意一直不错。某年年关将近，有一天尤翁忽然听见铺堂上人声嘈杂，走出来一看，原来是站柜台的伙计同一个邻居吵了起来。伙计连忙上前对尤翁说："这人前些时典当了些东西，今天空手来取典当之物，不给就破口大骂，一点道理都不讲。"那人见了尤翁，仍然骂骂咧咧，不认情面。尤翁却笑脸相迎，好言好语地对他说："我晓得你的意思，不过是为了度过年关。街坊邻居，区区小事，还用得着争吵吗？"于是叫伙计找出他典当的东西，共有四五件。尤翁指着棉袄说："这是过冬不可少的衣服。"又指着长袍说："这件给你拜年用。其他东西现在不急用，不如暂放这里，棉袄、长袍先拿回去穿吧！"

那人拿了两件衣服，一声不响地走了。当天夜里，他竟突然死在另一人家里。为此，死者的亲属同那人打了一年多官司，害得那人花了不少冤枉钱。

原来，这个邻人欠了人家很多债，无法偿还，走投无路，事先已经服毒，知道尤家殷实，想用死来敲诈一笔钱财，结果只得了两件衣服。他只好到另一家去扯皮，那家人不肯相让，结果就死在那里了。

后来有人问尤翁："你怎么能有先见之明，向这种人低头呢？"尤翁回答说："凡是横蛮无理来挑衅的人，他一定是有所恃而来的。如果在小事上争强斗胜，那么灾祸就可能接踵而至。"人们听了这一席话，无不佩服尤翁的聪明。

中国有句格言："忍一时风平浪静，退一步海阔天空。"不少人将它抄下来贴在墙上，奉为座右铭。这句话与当今商品经济下的竞争观念似乎不大合拍，事实上，"争"与"让"并非总是不相容，反倒经常互补。在生意场上也好，在外交场合也好，在个人之间、集团之间，也不是一个劲"争"到底，忍让、妥协、牺牲有时也很必要。作为个人，适当低一下头也是一种宝贵的智慧。即使在市场竞争的条件下，隐忍退让仍然能够提供成功有效的经营策略。比如商人常说的"有钱大家赚"，就是让的一种表现。经营行为本来是以追求利润最大化为原则的，如果你斩尽杀绝，不肯让利，就不会有合作伙伴。极端地说，根本也就不会有商品经济。因为全叫你垄断了，还有什么市场竞争呢？可见市场竞争是以让为前提的。

3. 学会以隐忍的态度做人

当你还没有充分的实力时，忍耐就具有特别重要性的战略意义，在这时候，做大事者，能审时度势，不把那些小耻小辱放在心上。但是，光被动地忍还不行，还必须为了忍后的行动积极准备。唐太宗李世民在争夺储位的过程中就是保存实力、边忍边动，后来终于达到了自己的目的。

唐高祖李渊建立唐王朝后，太子李建成和齐王李元吉勾结，多次陷害立有大功的秦王李世民，兄弟间一场生死拼杀势所难免。

李世民身边的文臣武将屡次进言，劝李世民早作打算，抢先动手。李世民每到这个时候，便会面现苦容，叹息不止，说：

"我们乃是一母同胞的兄弟，纵是他们的不对，我又怎么忍心呢？还是委屈一下吧，时日一长，他们也许会知错能改，一切就烟消云散了。"

别人都十分着急，深怪他心有仁念，坐失良机。李世民对此如若未闻，暗中却把他心腹的将领尉迟敬德等人找来，对他们说：

"你们的好心，我岂能不知？不过现在我们安排未妥，事无头绪，又怎能草率行事呢？事若不密，为人察觉，只怕我们先得人头落地了。还望各位详作筹划，切勿泄露。"

李世民边忍边动，加紧布置，由于他表面从容，处处示弱，李建成、李元吉果真被欺骗，暗中得意。他们按部就班，一步步地实施整倒李世民的计划，心想假以时日，不愁大事不成。

不久，有报说突厥兵犯境，李建成便保举李元吉为帅，带兵迎敌。齐王请求李渊把秦王李世民的兵马归他指挥，李渊答应了他的要求。李世民和他的文臣武将一眼便看穿了他们的阴谋，李世民见群情激愤，故作痛苦的模样安抚众人说：

"皇上既已同意，看来我只能束手待毙了。这是天意，我又能怎么样呢？"

众人见此，信以为真，不禁泣泪苦劝；有的还要告辞而去，以示抗议。只有几个知情者以目示意，不露声色。

这时又有人进来密告李世民，说太子与齐王早已定下计谋，只等李世民等人给齐王出征送行时，便要密伏勇士，趁机全部杀光，然后太子登位，封齐王为太弟。

众人听此，情绪更为激动。李世民见火候已到，这才长叹一声，对众人说：

"我是被逼如此，各位都是明证。事已至此，只有先发制人，我们才能铲除强敌，保全性命。"

李世民分兵派将，伏兵于玄武门。第二天，李建成、李元吉上朝在此经过，伏兵齐出：他们二人猝不及防，李建成被李世民射死，李元吉被尉迟敬德砍杀。

没过多久，李渊便让位李世民。李世民登基为帝，终于实现了他的梦想。

李世民的"成功"告诉我们：以隐忍的心态做人，以积极的准备做事，大事可成。

4. 做个表面的弱者又有何妨

有些人看上去平平常常，甚至还给人"窝囊"不中用的弱者感觉。但这样的人并不可小看。有时候，越是这样的人，越是在胸中隐藏着高远的志向抱负，而他这种表面"无能"，正是他心高气不傲、富有忍耐力和成大事讲策略的表现。这种人往往能高能低、能上能下，具有一般人所没有的远见卓识和深厚城府。

刘备一生有"三低"最著名，它们奠定了他王业的基础。一低是桃园结义。与他在桃园结拜的人，一个是酒贩屠户，名叫张飞；另一个是在逃的杀人犯，正在被通缉，流窜江湖，名叫关羽。而他，刘备，皇亲国戚，后被皇上认为皇叔，肯与他们结为异姓兄弟，他这一来，两条浩瀚的大河向他奔涌而来，一条是五虎上将张翼德，另一条是儒将武圣关云长。刘备的事业，从这两条河开始汇成汪洋。

二低是三顾茅庐。为一个未出茅庐的后生小子，前后三次登门求见。不说身份名位，只论年龄，刘备差不多可以称得上长辈，这长辈喝了两碗那晚辈精心调制的闭门羹，毫无怨言，一点都不觉得丢了脸面，连关羽和张飞都在咬牙切齿，这又一低，一条更宽阔的河流汇入他宽阔的胸怀，一张宏伟的建国蓝图，一个千古名相。

三低是礼遇张松。益州别驾张松，本来是想卖主求荣，把西川献给曹操的，但曹操自从破了马超之后，志得意满，骄人慢士，数日不见张松，见面就要问罪。后又向他耀武扬威，引起对方讥笑，又差点将其处死。刘备派赵云、关云长迎候于境外，自己亲迎于境内，宴饮三日，泪别长亭，甚至要为他牵马相送。张松深受感动，终于把本打算送给曹操的西川地图献给了刘备。这再一低，西川百姓汇入了他的帝国。

最能看出刘备与曹操交际差别的，要算他俩对待张松的不同态度了：一高一低，一慢一敬，一狂一恭。结果，高慢狂者失去了统一中国的最后良机，低敬恭者得到了天府之国的川内平原。

在这个故事中，刘备胸怀大志，却平易近人礼贤下士，慢慢成就了自己的基业。与之相反，曹操心高气傲，目中无人，白白丢掉了富饶的天府之国，并且还因此耽误了统一中国的大计。单从这一点上看，刘备是真英雄，虽然他没有所谓的气势架子；而曹操则一副狂徒之态，傲气冲天，耀武扬威。他因此吃了大亏，其实一点都不冤。

一个人，无论你已取得成功还是还没有出师下山，其实都应该谨慎平稳，不惹周围人不快；尤其不能得意忘形狂态尽露。特别是年轻人初出茅庐，往往年轻气盛，这方面尤其应当注意。因此心气决定着你的形态，形态影响着你的事业。

所以说，懂得胜不骄、有功不傲的人是真正懂生活、会做事的人，他们会因此而成为强者，成为前途平坦、笑到最后的人。

5. 忍住即将爆发的激动情绪

人与人之间经常会产生矛盾，有的是因为认识的水平不同，有的是因为对对方不了解，有的是原本有某些偏见和误解。如果你有较大的度量，以谅解的态度对待别人，忍住最容易爆发的激动情绪，这样你就可能赢得时间，矛盾也可能得到缓和。

爱因斯坦博士是全世界都尊敬的人，他是全球数学、物理方面无可争议的专家。这位创造相对论和原子理论的人，竟然也咽下过一口"气"。有一天，他上汽车后，正想一个问题，数错了钱。售票员大声讽刺他："你这么大个人，会不会算数呀！"爱因斯坦一笑置之："不会就不会吧！"

社交过程中，由于偏见和误解常常会使一方伤害另一方。假设另一方耿耿于怀，那关系就无法融洽。如果受伤害的一方有很大的度量，不念旧恶，那会使原先持偏见者感情受到震动。

度量问题不是个无关紧要的小问题。度量如海还是度量如杯，在重要关头，它就可以关系到事业的成败。为一点小事斤斤计较，争吵不休，既伤害了感情，影响了友谊，也无益于你成大事，结果不是双赢而是两败。因此，摒弃个人成见，不在社交场合为区区小利争斗，不为炫耀自己而去贬低他人，发扬一点忍让精神，对许多事情进行"冷处理"，摆脱互相之间无原则的纠缠和无必要的争执，不计较一切无关大局的小事……那么，你的风度将会获得社交场合中众人的青睐，你的事业也会如虎添翼，收到双赢的效果。

有位爱尔兰人名叫欧·哈里，上过卡耐基的课。他受的教育不多，可是很爱抬杠。他当过人家的汽车司机，后来因为推销卡车不顺利，来求助于卡耐基。听了几个简单的问题，卡耐基就发现他老是跟顾客争辩。如果对方挑剔他的车子，他立刻会涨红脸大声强辩。欧·哈里承认，他在口头上赢得了不少的辩论，但没能赢得顾客。他后来对卡耐基说："在走出人家的办公室时我总是对自己说，我总算整了那混蛋一次。我的确整了他一次，可是我什么都没能卖给他。"

所以，卡耐基的难题是如何训练欧·哈里自制，避免争强好胜。

欧·哈里后来成了纽约怀德汽车公司的明星推销员。他是怎么成大事的？这是他的说法："如果我现在走进顾客的办公室，而对方说：'什么？怀德卡车？不好！你就送我我都不要，我要的是何赛的卡车。'

我会说，'老兄，何赛的货色的确不错，买他们的卡车绝错不了，何赛的车是优良产品。'"

"这样他就无话可说了，没有抬杠的余地。如果他说何赛的车子最好，我说没错，他只有住嘴了。他总不能在我同意他的看法后，还说一下午的何赛车子最好。我们接着不再谈何赛，我就开始介绍怀德的优点。"

"当年若是听到他那种话，我早就气得脸一阵红、一阵白了——我就会挑何赛的错，而我越挑剔别的车子不好，对方就越说它好。争辩越激烈，对方就越喜欢我竞争对手的产品。"

"现在回忆起来，真不知道过去是怎么干推销的！以往我花了不少时间在抬杠上，现在我守口如瓶了，果然有效。"

正如明智的本杰明·富兰克林所说的：

"如果你老是抬杠、反驳，也许偶而能获胜，但那只是空洞的胜利，因为你永远得不到对方的好感。"

因此，你自己要衡量一下，你是宁愿要一种字面上的、表面上的胜利，还是要别人对你的好感？

你可能有理，但要想在争论中改变别人的主意，一切都是徒劳。那就不妨试试先咽下一口气再说。

6. 要明白人生的风险无处不在

有这样一个颇有深意的寓言：

一个生前十分胆小，一辈子担惊受怕的灵魂，来到了万能的上帝面前，请求他给自己一个最安全最快乐的来世之身。

上帝说："那你就去做人吧。""做人有风险吗？"灵魂问。"有，勾心斗角，残杀，诽谤，夭折，瘟疫……"上帝答道。"另换一个吧！"
"那就做马吧！""做马有风险吗？""有，受鞭笞，被宰杀……"他又要
求换一个。换成老虎，得知老虎也有风险。"啊，恕我斗胆，看来只有
上帝您没风险了，我留下，在你身边吧！"这个灵魂突然请求道。上帝
哼了一声："我也有风险，人世间难免有冤情，我也难免被人责问
……"说着，上帝顺手扯过一张鼠皮，包裹了这个魂灵，把他推到下界
来："去吧，你做它正合适。"

这个寓言的含义也许是多维的，但我们首先能从中感到这样一层意
思，那就是在任何一种生命的历程中，风险几乎无处不在，无时不有。
妄想处于一个没有风险的世界，只能是天外奇谈。

那么，既然如此，对于这种冷冰冰的现实状况，我们必须拿出一个
切实有效的对策来。

惧怕风险和打击是我们面对社会的一种强大恐惧心理，如果一个人
从孩童时期即被灌输这种恐惧感，那么这种十分不利的心理因素往往将
终生陪伴着你，这样，对于风险，你将始终处于一种被动挨打的境地。
这显然将大大不妙。

而许多站在成功之巅的人则会放言：世界上根本不存在什么风险和
失败。所谓的外来打击，那只是因为自身太弱小的缘故。

这种说法虽然自有其一定的道理，但毕竟也属于"过来人"站着
说话不腰疼的表现。对于普通人而言，必须承认风险和打击的客观存
在，在人生的征战过程中，既不能因此而畏首畏尾，缩手缩脚，也不能
目空一切，不加防范。前者将使人一事无成，后者将导致"光荣率"
极高。这两种错误的认知和行为，实际上正是人生状况的两种极端表
现，都是我们所力求避免的。

7. 尽量不做出头的椽子

生活中有句俗语，叫做"出头的椽子先烂"，说的是一种为人不可太露的道理，《庄子》中的"直木先伐，甘井先竭"说的也是这个道理，挺拔的树木容易被伐木者看中，甘甜的井水最容易被喝光。同样，在人生的竞技场上，不加选择而处处锋芒毕露的人很容易受到伤害。

当然，人要向着胜利的终点奋斗。"显露才华"作为一种必要的进取手段，还是要施行的，但一定要掌握好时机，同时，"露"还要掌握一定的方法和技巧。否则，容易招致忌妒和猜疑，使得人在进取的道路上平添不必要的麻烦和阻力，妨碍自身才能的发挥，自身的才能也无法充分"露"出来。另外，"露"是为了做好事，而非显出别人的能力低，恃才放旷，目中无人不可取。简言之，即态度要端正。

三国时，曹操军营中有个主簿，名叫杨修，才华横溢，思维敏捷，但后来却因恃才放旷，最终被曹操以造谣惑众、扰乱军心之罪而斩首。

曹操曾建造一个园子，造成后，曹操去看时，没有发表任何意见，只挥笔在门上写了一个大大的"活"字，众人不解，只有杨修说："门里添个'活'字，就是'阔'了，丞相嫌这园门太阔了。"众人这才恍然大悟，工匠赶紧翻修，又过几日，曹操再来看时，见园门按自己的意思改了，心里非常高兴。但是当他得知是杨修把他的意思猜透时，嘴上不说，心里却已经开始妒忌杨修了。

古语云："木秀于林，风必摧之；堆出于岸，流必湍之；行高于人，众必非之。"杨修便是那秀于林之木，然而他"秀"的有些不是地方。他总是在无关重要的地方炫耀自己的才能，以致招来曹操的妒忌。才能用错了地方反而加速了失败。曹操本拟炫耀自己的心计，可是屡次被点破，曹操焉能不怒，怎会容他。于是，推出去，斩！

后人有两句诗叹杨修之死，诗曰："身死因才误，非关欲退兵。"这两句诗可说是一语道破杨修的死因。老子曾说过一段话，"不自见，故明；不自是，故彰；不自伐，故有功；不自矜，故长。"也就是说，为人要谦虚诚恳，不可锋芒毕露，盛气凌人。

看来，露与不露，关键在"度"，在时机，抓住机遇露一把，就可能一鸣惊人，功成名就。切不可露而无方，否则一步不慎，就可能事事不顺，倒霉透顶。这一点，杨修的例子或许能给我们带来一些现实的启示。

在现实生活中存在着这样一种自视颇高的人，他们锐气旺盛，锋芒毕露，处事不留余地，处处咄咄逼人。他们往往有着充沛的精力，很高的热情，也有一定的才能，但这种人却往往在人生旅途上屡遭波折。有一位分配到某单位的大学生，他下车间伊始，就对单位的这也看不惯，那也看不顺，未到一个月，他就给单位领导上了洋洋万言的意见书，上至单位领导的工作作风与方法，下至单位职工的福利，都一一综列了现存的问题与弊端，提出了周详的改进意见。他的所作所为招来了众多的妒忌和排斥，结果被退回学校再作分配。

作为一个只知锋芒毕露而不知自我防护者的典型，这位大学生由于在工作上又不注意讲究策略与方式，结果不仅妨碍了个人才能最大限度地服务于社会，还招来了妒忌和排斥。

第六章　把个性与任性严格区分开来

随着这个社会对个性的推崇，许多人用一种错误的个性观念来引导自己的个人行为。殊不知个性并不代表一个人着装的过分夸张，性格的过分任性，个性是不能用作褒义词来定义的。如果你要活出自己的特色和个性，就要先明白这个词的真正含义，让自己成为一个独具特色的、能以低调做人的人。

1. 有个性并非意味着异于常人

如果要给个性下一个定义，那就只能说是一个人在特定的社会条件和教育影响下形成的一个人比较固定的特性，而不是说一个人越是行为异于他人就越有个性，也不是说一个人的性格越暴躁就越有个性。否则，所有的精神分裂症患者或歇斯底里症患者都可以称之为有个性。所以，不要错误的将个性定义为异于常人。只有活在自己意志中的人才可以称之为个性，而这种人才可以有所成就。

以李嘉诚先生来说吧，他就是一个活在自己意志之中的人。他能取得如此卓越的成就就是得益于他超乎常人的意志和独特而正确的观念意识。

李嘉诚先生曾经在汕头大学成立的开幕典礼上和汕头大学的学生们谈做人的道理。他引用清代名臣曾国藩家书所讲的一番话，"士人第一要有志，第二要有识，第三要有恒。有志则断不甘为下流"。李嘉诚先生所讲的志，其含义深远，也是做人的大道理，而不单是为了名成利就的狭窄解析就可以将其概括。

活在自己的意志中，这个意志，首先就是李嘉诚先生亲自向汕头大学学生所讲"不甘为下流"。做人，不问他是贫是富，首先便是要有风骨气节，不可以做一个下流的人。下流的定义就是做一些损人利己，或是损人而不利己，害人害物，有损公益，有损国家、民族，有损公德甚至私德之事。下流也可以包括为了利益，不择手段。中国成语之中形容下流的词有很多，而且都很精彩，例如落井下石、佛口蛇心、借刀杀人、移尸嫁祸、人面兽心、口蜜腹剑、心狠手辣、卖友求荣等等。这些德行，不是害于个人，就是害于大众公益。李嘉诚先生说得好，一个人如果有志，就一定不会甘于下流。从少年开始，李嘉诚先生就在父亲耳提面命之下，学习做人的道理。做人的道理，是否富贵只是次要，最重要的就是不会学坏，不会变成一个卑鄙下流的人。李嘉诚先生虽然不是一个教师，但以他在商场的为人有这般高尚的情操和品德，谦和的精神，对其他人来说，已经是一个活生生的教材，值得我们任何一个有志追求成就的人学习。

一个不甘下流的人，无论遇到什么情况都是堂堂正正的，也是值得我们尊敬的对象。一个不甘下流的人，一定不会贪不义之财。李嘉诚先生初出道之日，他只不过是 15 岁。这个年龄的人很多都少不更事。在香港这样一个复杂社会中，如果进入商场这个大染缸，很容易在年少无知之时被其他人误导，以致误入歧途。但李嘉诚先生不但没有误入歧途，反而通过自学和勤奋工作树立了正确的人生观和价值观，磨砺了自己的处事能力。要知道当时，他可以说是近于孤立无援的。社会上，人浮于事，再加上他并非生于富家，只有少数的亲属可以守望相助。但他却没有因此而行差踏错，反而洁身自爱，自勉自励，终于有了日后的成就。

李嘉诚先生的"志",除了不甘下流,不做一个卑鄙的人之外,还包括他立志要做一个有用的人。所谓有用的人就是要对社会、对国家、对民族有所贡献。这一点李嘉诚先生完全做到了。李嘉诚先生的志,并不是单单以财富去计算。财富只不过是因为他有个人的眼光,再加上他拥有其他很多成功的因素,塑造出今日的辉煌。但财富多一些或是少一些对李嘉诚先生都并非那么重要,重要的是他认为能够做一个有用的人,能够对社会、国家、民族做一点事,而令大家得益,他就会觉得比多赚一点钱更加有意义。

李嘉诚先生所讲的"志",还应该包括他自少立志要成为一个成功的人。这一点更加毫无疑问。有人说,如果在香港没听过李嘉诚这个名字的,他一定不是香港人。立志要成为一个成功人物,其实是要有一种骨气的,就是无论经历多少风霜,都愿意去尝试,无论有多少艰辛,都愿意去捱,去学习,去进步。欠缺这一种一定要成功的风骨,根本就不可能会成功。这才是真正有个性的体现。

李嘉诚先生谈及成功之道时曾经这样讲过:"只要勤奋,肯去求知,肯去创新,对自己节俭,对别人慷慨,对朋友讲义气,再加上自己的努力,迟早会有所成就,生活无忧。"靠勤奋、创新,节俭,对别人慷慨,对朋友重义,自己一定要尽力而为。这些才是真正的成功条件。

做人要立志。要有个性而这个个性,诚如以上所讲,应该包含立志不做一个下流的人,立志要做一个对社会、国家、民族有贡献的人,立志做一个成功人物。在这种思想的指导下,坚定自己的意志并沿着正确的方向前进。

2. 不必羡慕别人

你也许会羡慕别人的生活比你快乐，你认为他的日子过得比你好，然而，你看过他们生活中的另一面吗？

不必羡慕别人的美丽花园，因为你也有自己的乐土，只要你用心耕耘，眼前的这片花圃，终会有花团锦簇、香气四溢的一天。

在河的两岸，分别住着一个和尚与一个农夫。

和尚每天看着农夫日出而作，日落而息，生活看起来非常充实，令他相当羡慕。而农夫也在对岸，看见和尚每天都是无忧无虑地诵经、敲钟，生活十分轻松，令他非常向往。因此，在他们的心中产生了一个共同念头："真想到对岸去！换个新生活！有一天，他们碰巧见面了，两人商谈一番，并达成交换身份的协议，农夫变成和尚，而和尚则变成农夫。

当农夫来到和尚的生活环境后，这才发现，和尚的日子一点儿也不好过，那种敲钟、诵经的工作，看起来很悠闲，事实上却非常烦琐，每个步骤都不能遗漏。更重要的是，僧侣刻板单调的生活非常枯燥乏味，虽然悠闲，却让他觉得无所适从。

于是，成为和尚的农夫，每天敲钟、诵经之余都坐在岸边，羡慕地看着在彼岸快乐工作的其他农夫。

至于做了农夫的和尚，重返尘世后，痛苦比农夫还要多，面对俗世的烦忧、辛劳与困惑，他非常怀念当和尚的日子。

因而他也和农夫一样，每天坐在岸边，羡慕地看着对岸步履缓慢的其他和尚，并静静地聆听彼岸传来的诵经声。

这时，在他们的心中，同时响起了另一个声音："回去吧！那里才是真正适合我们的生活！"

我们经常听见朋友间的抱怨："你的生活过得真好，不像我，每天都得面对各种没完没了的麻烦。

但是，你怎么知道朋友的生活过得有多好？

别只看事情表面！就像故事里的两位主角，没有经历过对方的生活，自然也看不见其中的辛苦，就像我们只看得见成功者的笑容，却看不见他们奋斗的过程中曾经流下的眼泪。

每个人都有自己必经的历程，其中的辛苦与甜美只有自己感受最深刻。只有你亲自栽种的花朵，你才知道其特性与培植的感受，当花朵嫣然绽放时，也只有你才懂得欣赏。

不必羡慕别人的笑容，那也许只是苦中作乐，当然，也可能是他们知道如何乐在其中。

你只属于你自己，你的个性，你的快乐别人同样无法理解，也会充满羡慕之情。所以保持好这种状态才是你应该做的。当你把自己所拥有的这一切当做珍宝一样看待时，它才具有真正的意义和价值。

3. 完善你自己

既然个性是一个人在特定条件下形成的一种性格特征，那么，我们就可以想到不同的条件可以造就不同的人。有的人个性鲜明突出，会很容易遭遇他人的忌恨。而个性太随和的人又往往会受制于人。做为这个社会中的一员，我们需要保持自己的个性，又要生存的从容自然就该学会不断完善自己。

我们必须承认，除了少数别有用心的人恶意诽谤攻击外，有一部分批评确实是由于我们的弱点和失误给了对手可乘之机。所以，在生活或工作中，我们与其等待敌人来攻击我们，倒不如自己先检查一下自己，对自己严一点。在别人抓到我们的弱点之前，我们应该首先认清并处理这些弱点。达尔文就充分认识到了这一点。当达尔文完成其不朽的著作——《物种起源》时，他已意识到这一革命性的学说一定会震撼整个宗教及学术界，也一定会招来不少的批评、指责甚至辱骂。因此，他主动开始自我批评，并耗时 15 年，不断查证资料，不断向自己的理论发出挑战，以批评完善自我。

我们被人批评的时候，如果认为保持自己的个性很重要而不提醒自己改变一下应对策略，往往会不假思索地采取防卫姿态，拒绝接受他人的批评。但听到别人谈论我们的缺点时，急于辩护并不能给我们带来什么好处，而每个没头脑的人却都会这样做。我们不妨聪明一点也更谦虚一点，我们可以大器地说："如果让他知道我其他的缺点，恐怕他还要批评得更厉害呢！"

我们每个人都不是圣人，都不可避免地会做一些蠢事，也许随着岁月的流逝，想起少不更事时做的傻事，自己都会脸红。有一位名人说："我经常责怪别人，不过随着年龄的增长——但愿也同时长了一点智慧——我最后发现应该责怪的只有自己。"很多人随着岁月的流失渐渐地认清了这一点。拿破仑被放逐到圣海伦岛时说："我的失败完全是咎由自取，不能怪罪别人。我最大的敌人其实是我自己，这也是造成我今天不幸命运的根本原因。"

豪威尔是位深谙自我管理艺术的人物。他曾谈到自己成功的秘诀，他说："几年来我一直有个记事簿，登记一天中有哪些约会。家人从不指望我周末晚上会在家，因为他们知道，我常把周末晚上留作自我反思，评估我在这一周中的工作表现。周末晚上，我独自一人打开记事簿，反省一周来所有的面谈、讨论及会议所涉及的事项。我自问：'我当时做错了什么？''有什么是正确的？我还能如何改进自己的工作表现？我从这次经验中能吸取什么教训？这种每周例行的检查有时会弄得我很心烦，有时我真不敢相信自己的莽撞。当然，随着年事渐长，这种情况也是越来越少，我一直保持这种自我分析的习惯，它对我的帮助非常大。"

而伟大的富兰克林是怎么做的呢？据说他每晚都进行自我反省。他发现过自己有13项严重的错误。其中三项是：浪费时间、关心琐事及与人争论。睿智的富兰克林知道，不改正这些缺点是成不了大事的。所以，他一周订一个要改进的缺点做目标，并每天记录成功的是哪一条。下一周，他再努力改进另一个坏习惯，他就这样一直与自己的缺点奋战，整整持续了两年，当然也受益匪浅。最后他成为一位受人爱戴、极具影响力的伟大人物。

平凡的人往往因他人的批评而愤怒，有智慧的人却从中受益颇多。诗人惠特曼曾说："别以为你只能向喜欢你、仰慕你、赞同你的人学习，从反对你、批评你的人那儿，你可能会得到更多的教益。"

林肯的国防部长爱德华·史坦顿就曾经这样骂过总统。当时，为了讨好一些利欲熏心的政客，林肯签署了一次调动兵团的命令。史坦顿不但拒绝执行林肯的命令，背后还指责林肯签署这项命令是蠢到了极点。有人告诉林肯这件事，林肯平静地回答："史坦顿如果骂我愚蠢，我多半是真的愚笨，因为他几乎总能做对。我会亲自去跟他交流一下。"

林肯果然前去拜访史坦顿。史坦顿还是不客气地指出他这项命令是错误的，林肯接受了他的建议。因为他相信对方是真诚的，是真心帮助他的。

著名法国作家拉劳士福古曾说："敌人对我们的看法比我们自己的观点可能更接近真实情况。"

名牌汽车公司——福特公司为了了解管理与作业上存在的问题，特地邀请员工对公司提出批评，从而有力地促进了福特公司的飞速发展。

一位推销员，为了改善自己的工作主动要求人家给他批评。他在刚开始为高露洁推销香皂时接的订单很少，担心自己会失业，但他确信产品或价格都没有问题，所以问题一定是出在他自己身上。他推销失败，会在街上走一走想想什么地方做得不对，是表达得没有说服力？还是热情不够？有时他会重返回去，问那位商家："我不是回来卖给你香皂的，我希望能得到你的意见与指正。请你告诉我，我刚才什么地方做错了？你的经验比我丰富，事业又成功。请给我点指正，直言无妨，请不必保留，我会非常感谢。"

这位推销员的态度为他赢得许多珍贵的忠告。他后来升任高露洁公司总裁，这位推销员就是李特先生。只有心容万物的智者，才能向富兰克林、林肯那样，做个善于积极进行自我批评的人，以便不断完善自己。

4. 将好的一面发扬光大

渴望得到别人的赞美、追求和重视，是人与生俱来的一种特性。它促使人不停的奋斗，在别人的赞赏中得到自重感。但是，我们想的都是有关荣耀的报偿，而不是如何努力去赢得这份荣耀。

别人没有理由去喜欢你要想赢得别人的尊重和爱，就必须让你自己成为一个让人喜欢和尊重的人。你可以让自己具备别人身上难以找到的优秀品质，形成自己独自的惹人喜爱的个性。正如孔子说的："最重要的，不是别人有没有爱我们，而是我们值不值得被爱。"要想赢得别人的友谊或感情，必须先不去担心别人是否喜欢我们，而是要用心去改善自己，增进能让别人喜欢你的优良特点。

玛丽·安德森曾经很感人地描述她早期的生活——她那时事业失败，整个人意志消沉，差点儿要告别舞台。后来，她才慢慢恢复勇气和信心，准备继续为自己的事业奋斗下去。有一天，她兴高采烈地向母亲说道："我要再唱下去！我要每个人都喜欢我！我要创造完美！"

母亲对她说："那是个迷人的目标，但是，要知道，人在成就伟大的事业之前，必须先学会谦卑。"玛丽听了深有感触，因此决心在音乐造诣上追求十全十美，而且是"想要"完美。"谦卑先于伟大。"这是母亲给她的忠告。赢得别人注意的最好方法，就是不要去担心结果如何，不要太在意别人是不是喜欢我们。只要我们开始采取行动，努力去实践那些将会激发爱和友情的事。我们不妨细心体会一下威廉·奥斯勒爵士所说的话："不用为朦朦胧胧的未来担忧，只要实实在在地为现在努力即可。"

著名作家荷马·柯罗卫是一个广受欢迎的人，只要碰到他的人，无论是清洁工、百万富翁、妇孺老幼——都会在与他相处一刻钟之内，对他产生好感。他既不年轻，又不潇洒，更不是富豪，他有什么吸引力呢？很简单，因为他一点也不矫揉造作，并且能让别人感觉到他真的喜欢、关心他们。

儿童会爬到他的膝头；朋友家的佣人会特别用心为他准备餐点；假如有人宣布："今晚荷马·柯罗卫会到这里来！"那么当天的宴会一定没有人缺席。除了朋友间深厚的感情之外，荷马·柯罗卫的家人也都十分敬爱他。他的妻子、儿女，也全都对他赞誉有加。

荷马·柯罗卫从不担心交不到朋友——因为他已经是每一个人的朋友。他不注重别人是否喜欢自己，只是一心一意去爱别人。这就像格鲁大使所说的："外交的秘诀可用一句话来概括'我想要喜欢你'。"有经验的推销员一定都懂得，如果你一直担心产品是否卖得出去，就一定会造成心理上的障碍，反而无法正确介绍产品。成功人士认为，好的销售员不会去关心买卖是否能成交，而是一心一意去服务顾客。

打高尔夫球的人，目光通常都集中在球上。柯维在教导学生如何与人沟通的时候，常常告诉他们把注意力集中在所要传达的信息上面。如果一个人遇事过于在意成效如何，就容易产生紧张、害怕等不良情绪。

有一次，他准备发表一次演讲，当时的听众据说相当难缠。他难免流露出紧张的情绪。"假如听众不同意我讲的话，怎么办？"他忧心忡忡地问一位朋友，"假如他们不喜欢我，该怎么办？""是啊，"朋友回答道，"他们为何要喜欢你呢？你要为他们干什么？你认为自己要讲的内容很重要吗？"

"我承认在我看来，我讲演的内容很重要。"柯维回答说。

"接着说，"朋友说，"我倒觉得听众喜不喜欢你并不重要。重要的是你有没有把想讲的内容讲出来。至于他们喜欢或讨厌你，又有什么关系呢？你已经胜利地完成了你的任务。"

朋友的这番话改变了他对演讲的整个看法。他体会到自己只不过想传达某些信息，而不是要刻意显露自己的学问或风采。他演讲的目的是要带给听众一些鼓舞性的思想，以期对他们的生活有帮助，而不是其他。结果他的演讲赢得了在场所有人的认同和赞赏。

为了要得到友谊和情爱，我们必须先认清本末先后，要想赢得爱，先要值得被爱；要想赢得朋友，先要表示友善；要想赢得别人对我们感兴趣，就得先要对他们发生兴趣。

将爱别人的那一面发扬光大，使自己独具爱别人的魅力，你就能赢得别人的喜欢。

5. 言行不要太出格

言行上的趾高气扬、放浪不羁是做人的大忌。而低调做人正好可以收敛自己的过分言行。有些人喜欢说大话、摆架子、耍威风，张扬卖弄，神气十足，到头来只能淹没在别人鄙夷的目光中，他们不管显达也罢，落魄也罢，都可能要比别人经历更多的挫折，承受更多的社会压力。

一个人为人处世要力求在现实生活中，摒弃那些趾高气扬、盛气凌人、指手画脚的行为。

汉元光五年，信奉儒家学说的汉武帝征召天下有才能的读书人。年已70多岁的川人公孙弘的策文被汉武帝欣赏，提名为对策第一。汉武帝刚即位时也曾征召贤良文学士，那时公孙弘才60岁，以贤良征为博士。后来，他奉命出使匈奴，回来向汉武帝汇报情况，因与皇上意见不合，并在朝堂上起争执，引起皇上发怒，他只好称病回归故乡。这次他荣幸地获得对策第一，重新进入京都大门，就决定要吸取上次教训，凡事必须保持低调。

从此，公孙弘上朝开会，从来没有发生过与皇上意见不一致时当庭分争的事情。凡事都顺着汉武帝的意思，由皇上自己拿主意，汉武帝认为他谨慎淳厚，又熟习文法和官场事务，一年不到，就提拔他为左内史。

有一次，公孙弘因事上朝奏报，他的意见和主爵都尉汲黯一致，两人商量好要坚持共同的主张。谁知当汉武帝升殿，邀集群臣议论时，公孙弘竟为迎合圣意放弃自己先前的主张，提出由皇上自己拿主意。汲黯顿时十分恼怒，当廷责问公孙弘说："我听说齐国人大多狡诈而无情义，你开始时与我持一致意见，现在却背弃刚才的意见，岂不是太不忠诚了吗？"汉武帝问公孙弘说："你有没有食言？"公孙弘谢罪说："如果了解臣的为人，便会说臣忠诚；如果不了解臣的为人，便会说臣不忠诚！"汉武帝见他回答如此机巧而妥当，十分满意。从那以后，左右幸臣每次诋毁公孙弘，皇上都宽厚地为他开脱，并在几年后提拔他为御史大夫。

公孙弘在皇上眼中是个谨慎淳厚的臣子，但有些大臣却认为他是个伪君子。有一次，主爵都尉汲黯听说公孙弘生活节俭，晚上睡觉盖的是布被，便入宫向汉武帝进言说："公孙弘居于三公之位，俸禄这么多，但是他睡觉盖布被，这是假装节俭，这样做岂不是为了欺世盗名吗？"汉武帝马上召见公孙弘，问他说："有没有盖布被之事？"公孙弘谢罪说："确有此事。我位居三公而盖布被，诚然是用欺诈手段来沽名钓誉。臣听说管仲担任齐国丞相时，市租都归于国库，齐国由此而称霸；到晏婴任齐景公的丞相时从来不吃肉，妾不穿丝帛做的衣服，齐国得到治理。今日臣虽然身居御史大夫之位，但睡觉却盖布被，这无非是说与小官吏没什么两样，怪不得汲黯颇有微议，说臣沽名钓誉。"汉武帝听公孙弘满口认错，更加觉得他是个凡事退让的谦谦君子，因此更加信任他。元狩五年，汉武帝免去薛泽的丞相之位，由公孙弘继任。汉朝通常都是列侯才能拜为丞相，而公孙弘却没有爵位，于是，皇上又下诏封他为平津侯。

公孙弘拜为丞相后，名重一时。当时，汉武帝正想建功立业，多次征召贤良之士。公孙弘便在丞相府开办了各种客馆，开放东阁迎接各地来的贤人。每次会见宾客，他都格外谦让恭敬。有一次，他的老朋友高贺前来进谒，公孙弘接待了他，而且，留他在丞相府邸住宿。不过每顿饭只吃一种肉菜，饭也比较粗糙，睡觉只让他盖布被。高贺还以为公孙弘故意怠慢他，到侍者那里一打听，原来公孙弘自己的饮食服饰同样如此简朴。公孙弘的俸禄很多，但由于许多宾客朋友的衣食都仰仗于他，因此家里并没有多余的财产。

公孙弘活到八十岁，在丞相位上去世。以后，李蔡、严青翟、赵周、石庆、公孙贺、刘屈氂相继成为丞相。因为言行不谨慎，这些人中只有石庆在丞相位上去世，其他人都遭到诛杀。看来，公孙弘不肯廷争，取容当世也是一种不得已的处世之法。

聪明人很清楚自己的不当言行将意味着什么。所以，他们处处小心，时时在意，所以在身处高位时，尽管险境叠生，也能保全自己。

据说李世民当了皇帝后，长孙氏被册封为皇后。当了皇后，地位变了，她的考虑更多了。她深知作为"国母"，其行为举止对皇上的影响相当大。因此，她处处注意约束自己，处处做嫔妃们的典范，从不把事情做过头。她不尚奢侈，吃穿用度，除了宫中按例发放的，不再有什么要求。她的儿子承乾被立为太子，有好几次，太子的乳母向她反映，东宫供应的东西太少，不够用，希望能增加一些。她从不把资财任情挥霍，从不搞特殊化，对东宫的要求坚决没有答应。她说："作为太子最发愁的是德不立，名不扬，哪能光想着宫中缺什么东西呢？"因此，长孙皇后不但受到了李世民的敬重，而且也受到了人民的爱戴。

也许你还没有体会到身处险境时，自己的言行举止所诱发的一切不利后果。但人贵有先见之明。如果你在顺境中就可以注意自己的言行，必能赢得生活中的一切有利条件。

6. 简化自己的生活

让自己优于别人，在地位上和物质上令人羡慕是大多数人追求的目标。也许正缘于此，使得许多人难以安于现状，安于平淡，安于简单生活，甚至因此而使他们失去了低调做人的本色。然而，他们并未注意到在追求生活表面的高层次时，就极容易让精神的追求趋于麻木，低俗。而人生的价值却正是精神的充实和满足。

所以不少人对生活有一些过高的期望：拥有宽敞豪华的寓所；争取更高的社会地位；买高档商品，穿名贵皮鞋；跟上流行的大潮，永不落伍等等都并非人生价值的真正体现。

简化生活，无疑可以改变这些过高的期望。富裕奢华的生活需要付出巨大的代价,而且并不能相应地给人带来幸福。如果我们降低对物质的需求,改变这种奢华的生活目标,我们将节省更多的时间充实自己。轻闲的生活会让人更加自信、快乐、轻松,并珍视人与人之间的情感,提高生活质量。

许多人认为拥有豪宅能带给人安全感,比财富、婚姻更为重要。但是,现在随着土地价格的升高,拥有一幢房子需要付出的代价越来越大。其实,如果仔细计算一下得失,想一想生活中其他的乐趣,就会发现它并不像一般人所奢望的那么重要。

现在有许多富翁正在卖掉房子,而改租公寓,当他们想出去旅行的时候,也不再觉得房产是沉重的负担。他们看起来就像是生活朴素而逍遥自在的人。

在简化生活中,有些事情是容易做到的,例如改变饮食习惯,减少购物等。但调整人际关系,就需付出更多的精力和勇气,因为这涉及到人与人之间的情感,比仅仅面对物质生活麻烦多了。

当然,简化复杂的人际关系不像清理房间那么简单,还要学会拒绝。在你开始过简单生活的时候,一定要给自己一个承诺:减少对别人的承诺,不论是对朋友还是家人。如果别人的邀请对你来说是没有吸引力甚至乏味的,就应该学会断然而礼貌地拒绝。

大部分人在整个工作日都很忙,晚上也有一些杂事需要处理,只有周末才能完全由自己支配。要是这时候,有人要你去做一些不相干的事,你就应该果断地拒绝。有一本畅销书《我拒绝!我有罪恶感》告诉我们:"你可以用一些言词上的技巧,来减少你的承诺,让你可以拥有自己的时间。"因此,你不妨试试在言词上多下功夫,或许会别有效果。

如今社会上一些无聊团体多是为沽名钓誉而聚成的,他们的活动既浪费时间,又浪费钱财。低调做人,可以远离这些团体的活动,反而会带来更多的轻松和愉悦。

特别是对一些有了名誉和地位的人来说，有一些人或一些单位为拉拢关系，冠以这节日那节日请你去出席，带家人去大吃大喝或者参加聚会。这些无聊的应酬让生活变得匆忙混乱、毫无乐趣而言。如果你能低调做人，不去追逐这些虚荣和所谓的"高雅"，你就会去掉许多烦恼，而更能安逸地享受生活、享受人生。

据说大科学家爱因斯坦着装和修饰过于简朴，日常生活不修边幅，以至有一次去参加演讲时，负责接待工作的人把他的司机当做了他本人，而把他当成了司机。

他吃东西非常随便，外出时常坐二三等车，推导和演算公式常利用来信信纸的背面；并且，他还经常穿着凉鞋和运动衣登上大学讲坛，或出入上流社会的交际场合。有一次，总统接见他，他居然忘记了穿袜子，但这并不影响他在总统和人民心目中的伟大形象。

他初到纽约时，身穿一件破旧的大衣。一位熟人劝他换件新的。爱因斯坦十分坦然地说："这又何必呢？在纽约，反正没有一个人认识我。"

过了几年之后，爱因斯坦已成了无人不晓的大名人，这位熟人又遇到了爱因斯坦，发现他身上还是穿着那件旧大衣，便又劝他换件好的。谁知爱因斯坦却说："这又何必呢？在纽约，反正大家都认识我。"

可见在生活上简朴些、低调些，不仅有助于自身的品德修炼，而且也能赢得上下的交口称誉。让生活简单一点，这不仅仅可以作为一种训诲，也更是一种潜心暗行的进身之道。

7. 从卑微处修身养性

一个人如果一心只想着做大事，对身边的小事不理不睬，那么这种人做不了大事。做大事的人不会拒绝身边的小事，只有把小事都能重视起来，做到尽善尽美，才能做好大事。从一个人做小事的态度就可以看出一个人的修养和认真程度，就可以看出一个人能否托大事。如果把你安置在一个不被关注的位置上，你会怎么办？是怨天尤人，做一天和尚撞一天钟，还是尽自己的所能把自己的工作做的尽善尽美？

许多年前，一个少女到东京帝国酒店当服务员。这是她涉世之初的第一份工作，因此她很激动，暗下决心：一定要好好干！但她没想到：上司竟安排她洗厕所！

洗厕所！实话实说没人爱干，何况她从未干过这种活儿。当她用自己白皙细嫩的手拿着抹布伸向马桶时，胃里立刻"造反"，想要呕吐的感觉一次又一次的袭击着她。而上司对她的工作质量却并不因此而降低；必须把马桶抹洗得光洁如新！

她当然明白"光洁如新"的含义是什么，她当然更知道自己不适应洗厕所这一工作，真的难以实现"光洁如新"这一高标准的质量要求。因此，她陷入困惑、苦恼之中，甚至哭过鼻子。这时，她面临着这人生第一步怎样走下去的抉择：是继续干下去，还是另谋职业？回想刚入社会时的雄心壮志，她犹豫了。

正在这时，单位的一位领导来视察她的工作。这位领导看她无精打采的样子默默地替她洗开了马桶。

他一遍遍地抹洗着马桶，连最难洗的地方也不放过。直到抹洗得光洁如新，确信足够干净了为止，然后，他从马桶里盛了一杯水，一饮而尽。竟然毫不勉强。

　　那一次的经历让她的心灵大受震撼，也正是从那一次起，她不再对洗马桶的工作感到难以接受。相反，她能以最平和、也最热情的心去对待经她之手的每一份工作。几十年之后，她成了一家著名商社的董事长。而且成为董事长之后，她也依然保持着那份认真和热情。可见，一个人若甘于从卑微处做起足可以提高自己的修养，培养做大事的能力。

　　一个人的崇高和伟大与他所处的社会地位，所从事的工作没有丝毫的关联。能在卑微处依然保持着那种谦逊的姿态，才足以证明他的伟大和崇高。

　　帕尔梅首相在瑞典是十分受人尊敬的领导人。他虽贵为政府首相，但仍住在平民公寓里。他生活十分简朴、平易近人，与平民百姓毫无二致。帕尔梅的信条是："我是人民的一员。"

　　除了正式出访或特别重要的国务活动外，帕尔梅去国内外参加会议、访问、视察和私人活动，一向很少带随行人员和保卫人员。只是在参加重要国务活动时，才乘坐防弹汽车，并有两名警察保护。有一次他去美国参加一个国际会议，人们发现他竟独自一人乘出租车去机场。1984 年 3 月，他去维也纳参加奥地利社会党代表大会，也是独自前往的。当他走入会场，没有人注意到他，直到他在插有瑞典国旗的座位上坐下来，人们才发现他，都啧啧称赞不已。

　　同普通群众打成一片是帕尔梅为人的重要特点。帕尔梅从家到首相府，每天都坚持步行，在这一刻钟左右的时间里，他不时同路上的行人打招呼，有时甚至与同路人闲聊几句。帕尔梅同他周围的人关系处得都很好。在工作之余，他还经常帮助别人，毫无高贵者的派头；帕尔梅一家经常到法罗岛去度假，和那里的居民建立了密切的联系，那里的人都将他看做朋友。他常常独自骑车闲逛，铡草打水，劈柴生火，帮助房东干些杂活，彼此之间亲如家人。

帕尔梅喜欢独自微服私访，去学校、商店、厂矿等地，找学生、店员、工人谈话，了解情况，听取意见，他从没首相的架子，他谈吐文雅、态度诚恳，从没有前呼后拥的威严场面，深得瑞典人民的爱戴。

帕尔梅平易近人，他同许多普通人通过信件建立了友谊。他在位时平均每年收到1.5万多封来信；其中三分之一来自国外，为此他专门雇用了4名工作人员及时拆阅、处理和答复，做到来者皆阅，来者均复。对于助手起草的回信，他要亲自过目，然后才能签发。这一切都使他的形象在人民心目中日益高大，帕尔梅首相府的大门永远向广大人民开放，永远是人民的服务处。在瑞典人民的心目中，帕尔梅是首相，又是平民，是领导人，又是兄弟，朋友，他是人们心目中的偶像。

一个人的卑微只源于心灵的猥琐与无知。帕尔梅的平易近人，亲自动手不仅不能证明他的卑微，反而证明了他的崇高。从卑微处培养自己的心性是每一个聪明人的做法。从卑微处见精神，是每一个旁观者心里的一块明镜。不要拒绝放在你身边的任何一件小事，任何一份工作。认真的对待它们，你才可以收获更多。

第七章　不要小瞧任何人

　　有的人你看到了他的今天，但却无法预料他的明天；有的人看起来不起眼，但却可能是深藏不露的高人；有的人只是没权没势的小人物，但有时却能起到关键性的作用……所以不要小瞧任何人，每个人都有他的独特之处、聪明之处，小瞧别人说不定什么时候你就会吃大亏，如果你能够做到待人谦和、敬人如师，那你的人生路上就会少几分阻力，多几分顺畅。

1. 不要单以相貌衡量他人

　　一些人很不起眼，甚至有某方面缺陷，但这样的人未必就会成为生活中的失败者，他们往往生活得更好、事业更成功！

　　美国最受爱戴的总统罗斯福，八岁时，他的身体虚弱到了极点，呆钝的目光，露着惊讶的神色，牙齿暴露唇外，不时地喘息着。学校里的老师，唤他起来读课文，他便颤巍巍地站起，嘴唇翕张，吐音含糊而不连贯，然后颓然坐下，生气全无，真是低能儿童的典型。老师虽然很同情他，却也认为他这一辈子大概只能这样度过：神经过敏，如果稍受刺激，情绪便受影响，处处恐惧畏缩，不喜欢交际，顾影自怜，毫无生趣。然而事实是怎样的呢？罗斯福渐渐地克服了自己的缺点，在他进入大学之前，他已是人们乐于接近，一个精神饱满、体力充沛的青年了。他经常在假期中到亚烈拉去追逐野牛，到洛矶山去狩猎巨熊，到非洲大陆去猎狮子。后来他又胜任了军队的艰苦生活，带领马队，在与西班牙的战争中，功绩显赫。他的老师和同学恐怕做梦也想不到那个畏畏缩缩的低能儿，最后竟然成为美国历史上最伟大的总统之一。

有一句老话叫"人不可貌相，海水不可斗量"，单看一个人的外貌就断定他是否有前途，是一件愚蠢的事。比如名模吕燕，她虽然身材高挑，面孔却很难称得上"靓丽"——细眉、眯眯眼、宽鼻、厚嘴唇。她刚出道时，一些模特经纪公司拒绝和她签约，认为她的容貌难登大雅之堂，吃不了模特这碗饭，但最后吕燕却成为了世界名模。生活中，总有人喜欢以貌取人，小看那些外表上有缺憾的人，其实缺憾有时也是一种动力，能帮助他们更快地走向成功。

许多人喜欢看 NBA 的夏洛特黄蜂队打球，特别喜欢看 1 号博格士，他的身高只有 1.6 米，在东方人里也算矮子，更不用说在即使身高两米都嫌矮的 NBA 了。

据说博格士不仅是现在 NBA 里最矮的球员，也是 NBA 有史以来破纪录的矮子。但这个矮子可不简单，他是 NBA 表现最杰出、失误最少的后卫之一，不仅控球一流，远投精准，甚至在高个队员中带球上篮也毫无所惧。

每次看到博格士像一只小黄蜂一样，满场飞奔，心里总忍不住赞叹。其实他不只安慰了天下身材矮小而酷爱篮球者的心。

博格士是不是天生的好手呢？当然不是，他凭借的是意志与苦练。

博格士从小就非常热爱篮球，几乎天天都和同伴在篮球场上玩耍。当时他就梦想有一天可以去打 NBA，因为 NBA 的球员不只是待遇奇高，而且也享有风光的社会评价，是所有爱打篮球的美国少年最向往的梦。

每次博格士告诉他的同伴："我长大后要去打 NBA。"所有听到他的话的人都忍不住哈哈大笑，甚至有人笑倒在地上，因为他们"认定"一个 1.6 米的矮子是绝不可能到 NBA 去打球。

在别人的讽刺声中，博格士的球艺却突飞猛进了，最后终于成为全能的篮球运动员，也成为最佳的控球后卫。他充分利用自己矮小的优势：行动灵活迅速，像一颗子弹一样；运球的重心偏低，不会失误；个子小不引人注意，抄球常常得手。原来看不起博格士的那些人，最后都成了他的忠实球迷。

1.6米的身高，对一个球员来说确实是一个很严重的缺憾，因此当博格士说出想去 NBA 打球的愿望时，遭到了众人的嘲笑。但博格士却没有理会这些刺耳的声音，反而更加勤于练球，终于成为了一代篮球巨星，他的缺憾也成为了他的长处。博格士的经历告诉我们：人有无穷潜力，当他潜心去做一件事时，他就有可能战胜自身的缺憾，取得成功。

有人说了个形象的比喻：每个人都是上帝亲手从树上摘下的苹果，但每个人都不太完美，因为有的被摔伤了，有的被上帝咬了一口，那么有缺憾的人一定是上帝最喜爱的人，因为它咬了大大的一口，上帝很公平，有缺憾的人常常是内在最丰富的人，因此千万不要小瞧他们，他们都是上帝的宠儿。

2. 要知道任何人都不是傻瓜

每个人都觉得自己很聪明，看别人的时候却觉得对方总是很傻，很容易就上当，并因此而自鸣得意。其实谁都不是傻瓜，当一个人小瞧别人，不尊重别人时，别人也不会接受他。

有一个医生，医术很高明，他在自己所在社区开了一个小诊所，因为街坊邻居都很相信他的医术，所以生意很不错。后来为了增加利润，医生就动起了歪心眼。病人来买药时，他总是尽量多开药，维生素类的药吃了也不会死人，所以常常一开一大包；病人来诊所输液时，他却暗中减少剂量，这样病人只好多打几瓶；除此之外，他还总向病人推荐一些价格昂贵的药，明明吃药也可以痊愈的人，他却让人输液……半年以后，来诊所看病的人越来越少了。有一天，他去社区的小公园散步，正好听见几个邻居聚在一起聊天"去他那里看病？算了吧，我宁愿打车去医院。""真是的，诊所越办越黑，同样的病，我家老头子在医院打了两针就好了，可到了他那里——""更可气的是，他总给乱拿药，上次我得了肺内感染，他偏给我拿很多维生素，我是不懂得这些，可我表姐夫是市医院的大夫，想骗我！我看哪，他是把咱们都当傻子了！"……医生再也听不下去了，他羞愧得满脸通红，转身就走。当然他的诊所过了不长时间也停业了。

千万别小瞧别人的判断力，不要以为别人都是很好骗的，你这样做是在自欺欺人。故事中的医生就有必要学学怎样尊重别人，他给人开高价药，减小药量……还天真地以为不会被人发现，以为所有的病人都乖乖地上当，弄虚做假、不尊重别人导致的直接后果就是被人们拒绝。小瞧别人的人，别人也会看不起他，正像站在镜子前一样，你怒他也怒，你笑他也笑，一切都取决于你的态度。

豪华·哲斯顿被公认为魔术师中的魔术师。40 年间，他游走在世界各地，一再地创造幻象，所有观众都被他神奇的表演深深吸引。40年来共有 6000 万人买票去看过他的表演，他赚了几乎 200 万美元的利润。

豪华·哲斯顿最后一次在百老汇上台的时候，卡耐基花了一个晚上待在他的化妆室里，想请哲斯顿先生告诉他成功的秘诀。哲斯顿告诉卡耐基，关于魔术手法的书已经有好几百本，而且有几十个人跟他懂得一样多，因此，他的成功并不是因为他的魔术手法与众不同。

但他有两样东西，其他人则没有。第一，他能在舞台上把他的个性显现出来。他是一个表演大师，了解人类天性。他的所作所为，每一个手势，每一个语气，每一个眉毛上扬的动作，都在事先很仔细地预习过，而他的动作也配合得分秒不差。第二，就是他十分尊重观众。他告诉卡耐基，许多魔术师会看着观众对自己说："坐在底下的那些人是一群傻子，一群笨蛋。我可以把他们骗得团团转。"但哲斯顿的方式完全不同。他每次一走上台，就对自己说："我很感激，因为这些人来看我表演。我要把我最高明的手法，表演给他们看。观众可不是傻瓜，只要我出一点错，他们马上就会发现的，所以我要认真再认真。"

他说，他没有一次在走上台时，不是一再地对自己说："我爱我的观众，我爱我的观众。"也正因为有了对观众的尊重，才使得他的表演更具吸引力。

豪华·哲斯顿完全掌握了做人的一项重要原则：小瞧别人的人，是不会受到别人的尊重和认可的。他尊重他的每一位观众，对他来说魔术不是唬骗观众，而是与观众交流感情的工具。因此他博得了观念的好感，在魔术表演上取得了巨大的成功，他的魔术表演，并不特别比别人的魔术师神奇，但他对观众的尊重却帮了他大忙，观众是敏感的，台上的魔术师是以怎样的态度对待他们的，他们立刻就可以感觉得到。

然而生活中，很多人却容易犯小瞧别人的毛病，他们总把别人想成笨蛋，这种态度就导致他们在行动时对人表现得不尊重，而不尊重别人的后果就是使自己不被认可。要想获得别人的友谊或感情，就要用心去改善自己的态度，并增进能让别人喜欢自己的品质，而这品质中最重要的一条便是学会尊重别人。

请记住，任何人都不是傻瓜，不要试图耍弄别人。尊重别人你才会被人尊重，你的事业才会蓬勃发展，你的人生才会圆满如意。

3. 不要看轻所谓的失败者

很多人都瞧不起失败者，认为只有成功的人才值得尊敬，但事实上根本就没有所谓的失败者，他们只不过没有找到适合自己的路而已。

看看这些人，他们都曾经是人们眼中的失败者：著名诗人济慈本来是学医的，在医学院里他的成绩非常差，常常受到同事的嘲笑。但后来他发现自己有写诗的才能，就放弃了学医，把自己的整个生命都投入到写诗当中。虽然他只活了二十几岁，但却为人类留下了许多不朽诗篇；马克思年轻时，曾是一名诗人，但他写出来的诗却被人称为"胡闹的东西"，幸好很快他就发现了自己的长处，便放弃了做个诗人的梦想，转到社会担任合唱演员，但却常常跟不上拍子，几次受到剧团成员的嘲笑，他也明白了自己并没有唱歌的天赋，于是就退出合唱队，投身于写作，结果成为了著名作家。如果他们没有找到适合自己的路，那他们就会成为人们口中的庸医，恶俗诗人和三流演员。

不要看轻失败者，每个生命都是具有生存的力量，每个生命也都有自我发展的空间。

在求学的道路上，派瑞斯一直遭遇失败与打击，高中时的老师还曾经对他的母亲说："派瑞斯恐怕不适合读书，他的理解能力实在太差了。说实话，我都想不出这孩子将来能做什么。"

派瑞斯的母亲听见老师这么说，非常伤心失望，她带着派瑞斯回家，决定要靠自己的力量，好好地培养他成材。

但是，不管母子俩怎么努力，派瑞斯对于读书实在有心无力，但孝顺的他为了安慰母亲，即使读得再吃力，也从来没有放弃过。

这天，读得心烦的派瑞斯，路过了一家正在装修的超市，发现有个人正在超市门前雕刻一件艺术品。

没想到，派瑞斯这一看居然看得出神，停下脚步好奇而用心地观赏着，且产生了无比的兴趣。

此后，母亲发现派瑞斯只要看到一些木头或石头，便会认真而仔细地按照自己的想法去打磨、塑造，但是对于读书一事，却开始放弃了。

母亲着急地劝他，最后派瑞斯不得不听从母亲的叮咛继续读书，只是已经着迷于雕刻世界的他，却一直无法放下手中的雕刻刀。

最终还是让母亲彻底失望了，当落榜通知单寄到家中，母亲对他说："你走自己的路吧！你已经长大了，没有人必须再为你负责。"昔日的同学也都讽刺他说："废物就是废物，怎么样扶他也站不住的！"

派瑞斯知道，自己在母亲和所有人的眼中都是个彻底的失败者，他在难过之余做了最后决定，要远走他乡，寻找自己的未来。

许多年后，有座城市为了纪念一位名人，决定在市政府门前广场上放置名人的雕像，当地的雕塑师纷纷献上自己的作品，希望自己的大名也能与这位名人联系在一起。

但是，最后评选的结果，却是一位远道而来的雕塑师胜出。

在落成仪式上，这位雕塑大师发表了讲话："我想把这件雕塑作品献给我的母亲，因为，我读书时无法实现她的期望，我的失败更令她伤心失望过。但是，现在我想告诉她，虽然大学里没有我的位置，可是，现在我总算找到了一个成功的位置。母亲，今天的我绝对不会让您失望了。"

原来这位雕塑大师竟然是派瑞斯，他的同学和亲友都惊讶得目瞪口呆，说不出话来，而站在人群中的母亲更是喜极而泣，她终于明白了，儿子原来并不笨，只不过是一直没有找到一条适合自己的路。

当派瑞斯的同学放肆地嘲弄他时，他们一定没想到"废物"竟然会变成雕塑大师，当派瑞斯的母亲让儿子去走自己的路的时候，她实际上已经放弃了他,认为他这一辈子也不会有什么出息。但派瑞斯却出人预料地取得了成功。其实这世界原本就会有属于每一个人站立的位置,适合每一个人走的路,只不过有人很幸运地一下子找到了,有人还在跌跌撞撞地摸索而已。

不要小瞧任何人,即使是失败者,因为说不定什么时候他们就会出人预料地获得成功。

4. 总想着占人便宜的人会吃大亏

有这样一个寓言:狐狸莫顿看见一户人家的窗户上挂着一串香肠,它馋得口水都流了下来。怎么才能吃到香肠呢?这时它注意到了院里的狗,它狡猾地想:"我只要三言两语就能让那只蠢狗把香肠送给我!"于是狐狸就和狗套起了近乎,最后它说:"兄弟,看到那串香肠了吗?你那吝啬的主人是不会给你吃的,我替你望风,你把它偷出来大吃一顿多好!"狗想了想,就让狐狸跟它进院"到草地那等着,我偷下来就跟你汇合。"狐狸刚走到草堆就一声惨叫,它被一只捕鼠夹夹住了,而主人则跟着狗走了出来,一枪就把狐狸打死了。

生活中,很多人都想着要占点别人的便宜,似乎别人都不如自己聪明,但他们小瞧别人的代价就是"搬起石头砸了自己的脚"。

两个城里人和一个乡下人一起旅行,但他们的食物很快吃光了,只剩下一点点面粉,他们把面粉做成面包,但怎么也不可能够三个人吃。两个城里人想:"我们不如想个计策,把乡下人的那份面包也占来,这样我们就能够吃饱了!"于是他们就对乡下人说:"你看,面包根本不够三个人吃。把面包烤着,我们来睡觉吧!谁做的梦神奇,面包就归谁吃!"乡下人同意了,他倒头就睡,但两个城里人却没睡觉,他们商量起来："明天呢，我就说我做梦上了天堂，天使彼特亲自来迎接我！"另一个说："那我就说我去了地狱，看见了撒旦和很多小鬼，他们都张牙舞爪的，可怕极了！哼，谅那个乡下人也做不出什么奇特的梦，那块面包够我们吃了！"说完他们也去睡了。然而那个乡下人根本没睡着，他听见了两个城里人的谈话，于是他半夜爬起来就把面包吃光了。第二天早上，两个城里人醒来发现面包不见了，就摇醒了乡下人，乡下人装成很吃惊的样子说："唔！你们还在这儿呢，昨天我看见天堂的大门打开了，天使彼特把你迎接了进去，又看见这位下了地狱，撒旦和小鬼都张牙舞爪地拉着你，我想从来没有上天堂或下地狱的人还能回来的，所以就把面包给吃了！"

这个故事很可笑：两个城里人，因为瞧不起乡下人，想多占点便宜，结果反被乡下人涮了一把！生活中这类的事屡见不鲜，比如发生在动物园的趣事。

有个女游客来到黑猩猩园区，看见有一只猩猩靠近，忽然玩心大起，想了一个方法要捉弄这只大猩猩。

只见她故意做出喂食的动作，黑猩猩不疑有诈，立即上前准备接受她的食物，然而，就在黑猩猩伸手要拿食物时，这个女游客突然将手缩回，并且得意地嘲笑着它。

这时黑猩猩似乎知道自己被人戏弄，顿时气得变脸，它突然朝着女游客的脸，吐了一大口的唾沫，这位妙龄女郎当场成了另一个可笑的"景点"。

动物园的管理员看见了，走了过来，并笑着说："你们可别欺负它喔！阿吉可是非常聪明的。"

据说，在此之前，有个中学生也受过类似的教训。

当时他拿着香蕉想引诱阿吉，就在阿吉靠近拿取时，这个顽皮的学生却将香蕉送进了自己的嘴里。被欺负的阿吉一看，反应相当快，只见一大坨唾沫，直直地射向学生的脸上。

女游客戏弄黑猩猩时，一定是觉得黑猩猩是没什么智商的动物，欺负它、占它的便宜不会有任何风险，但没想到黑猩猩也不是好欺负的，自己反倒被吐了口水。真是一则有趣的案例，以万物灵知自居的人类，反而被自然万物教训了一顿，从这个故事中我们得到的教训就是：不要总想着占人便宜，谁都不是好欺负的。

有一个富翁听说某农场准备卖掉，他就跑去找邻居商量："你和农场主是多年的好朋友，如果你去买农场的话，他一定会很便宜的卖给你，我给你拿钱，你去把它买下来后，我一定重重地谢你，怎么样？老伙计？帮帮忙吧！"尽管邻居知道富翁的信誉不太好，但还是去了。农场主果然把农场以极低的价钱卖给了朋友。富翁对买卖的价钱非常满意，但他却一个字也没提酬谢的事，拿起地契转身就走。邻居冷笑了一下，叫住了富翁。富翁以为还有什么好事呢，赶忙回头，结果邻居说："如果你不介意，我还要再告诉你一声，那个农场是以我的名字买的！"

富翁一心想占别人的便宜：想以最低的价钱买下农场，想不花一文钱地使用邻居……结果呢？想占便宜的人反被人占了便宜！钱花了，农场却不是自己的，而是邻居的，自己还落得可笑可怜的下场。要怪谁呢？只能怪富翁自己。若不是他总觉得自己比别人聪明，低估别人，他也不会吃这亏了。其实人跟人都差不多，你一心想占别人便宜，对方心里又怎会没个算计，这样一来吃亏的很可能就是你。

千万别太低估别人，抬高自己，你并不比别人聪明多少，便宜也不是那么好占的。脚踏实地做事，清清白白做人，这样你才会在人生路上走得顺畅。

5. 雪中送炭者必有厚报

两个贫苦的好朋友同一时间死去了，上帝让甲上天堂、乙去地狱，乙喊道："为什么这么不公平？"上帝回答他："你也许还记得，有一天你们一起赶路，遇到了一个死去的人，甲把他埋了起来，你却没有动手！"

人们都乐于锦上添花，却很少有人愿意做雪中送炭的事。锦上添花是在攀附贵人，日后必定好处多多；而雪中送炭是帮助弱势的人，可帮助他们有什么用处呢？这种想法实在是大错特错，因为那些看起来不起眼的人说不定什么时候就会帮上你大忙！

一对待人极好的夫妇不幸下岗了，不过在朋友、亲属以及街坊邻居们的帮助下，他们在小城新兴的一条商业街边开起了一家火锅店。

刚开张的火锅店生意清冷，全靠朋友和街坊照顾才得以维持。但不出三个月，夫妇俩便以待人热忱、收费公道而赢得了大批的"回头客"，火锅店的生意也一天一天地好起来。

几乎每到吃饭的时间，小城里行乞的七八个大小乞丐，都会成群结队地到他们的火锅店来行乞。

夫妇俩总是以宽容平和的态度对待这些乞丐，从不呵斥辱骂。其他店主，则对这些乞丐连撵带轰，一副讨厌至极的表情。而这夫妇俩则每次都会笑呵呵地给这些肮脏邋遢、令人厌恶的乞丐盛满热饭热菜。最让人感动的是夫妇俩施舍给乞丐们的饭菜，都是从厨房里盛来的新鲜饭菜，并不是那些顾客用过的残汤剩饭。他们给乞丐盛饭时，表情和神态十分自然，丝毫没有做作之态，就像他们所做的这一切原本就是分内的事情一样，正如佛家禅语所说的，这是一对"善心如水的夫妻"。

日子就这样一天一天地过着，一天深夜，附近的一家服装店里突然燃起了大火，火势很快便向火锅店窜来。

这一天，恰巧丈夫去外地进货，店里只留下女主人照看。一无力气二无帮手的女店主，眼看辛苦张罗起来的火锅店就要被熊熊大火所吞没，着急万分之时，只见那班平常天天上门乞讨的乞丐，不知从哪里钻了出来，在老乞丐的率领下，冒着生命危险将那一个个笨重的液化气罐马不停蹄地搬运到了安全地段。紧接着，他们又冲进马上要被大火包围的店内，将那些易燃物品也全都搬了出来。消防车很快开来了，火锅店由于抢救及时，虽然也遭受了一点小小的损失，但最终给保住了。而周围的那些店铺，却因为得不到及时的救助，货物早已烧得精光。

在平常人看来，帮助一群乞丐有什么用呢？没钱、没权，而且很难有翻身的时候，但这对夫妇却没有这样想，他们不求回报地热心帮助这群乞丐，结果当遇到火灾时，乞丐们也不顾一切地帮助他们，别人的店铺都烧光了，火锅店却只受了一点点损失，夫妻俩对乞丐们无私的帮助得到了他们最真诚的回报。

人们总是瞧不起落迫的人，不愿做雪中送炭的事，他们方便的时候只是帮弱势者做一点点小事，他们就可以获得丰厚的回报。

一个刮着北风的寒冷夜晚，路边的一间旅馆迎来了一对上了年纪的客人，他们的衣着简朴而单薄，看来他们非常需要一个温暖的房间和一杯热水，但不幸的是这间小旅店早就客满了！领班罗比看了他们一眼，冷冷地说："这里没有多余的房间了，快走吧！"

"这已是我们寻找的第16家旅社了，这鬼天气，到处客满，我们怎么办呢？"这对老夫妻望着店外阴冷的夜晚发愁。

店里的一个小伙计不忍心这对老年客人受冻，便建议说："如果你们不嫌弃的话，今晚就住在我的床铺上吧，我自己打烊时在店堂打个地铺。"

老年夫妻非常感激，第二天要付客房费，小伙计坚决拒绝了。临走时，老年夫妻开玩笑似地说："你经营旅店的才能真够得上当一家五星级酒店的总经理。"

"那敢情好！起码收入多些可以养活我的老母亲。"小伙计随口应和道。

没想到两年后的一天，小伙计收到一封寄自纽约的来信，信中夹有来回纽约的双程机票，信中邀请他去拜访当年那对睡他床铺的老夫妻。

小伙计来到繁华的大都市纽约，老年夫妻把小伙计引到第五大街三十四街交汇处，指着那儿一幢摩天大楼说："这是一座专门为你兴建的五星级宾馆，现在我们正式邀请你来当总经理。"

年轻的小伙计因为一次举手之劳的助人行为，美梦成真。这就是著名的奥斯多利亚大饭店经理乔治·波非特和他的恩人威廉先生一家的真实故事。

还记得韩信和漂母的故事吗？韩信落泊之时，人人都嘲笑他，只有漂母把自己的饭分给他吃。后来，人们眼中的"无用小子"变成了大将军，他以千金回报了漂母的一饭之恩。很多人都热衷于结交富有的人，而鄙视穷困的人，这种做法真的很不可取。

无论如何，帮助别人总是一件不错的事，帮助别人有时就是在帮助你自己，而且，如果你能摒弃势利的想法，就会发现，雪中送炭比锦上添花更能让你快乐，更能让你有满足感。

6. 不要小看小人物的力量

能帮助你的人，未必是地位尊崇，高高在上的人。《红楼梦》中，贾芸不就是靠借"泼皮"倪二的银子，才买了香料去讨好"琏二奶奶"

的吗？生活中也是这样，我们有多少机会能接触到那些高官显贵呢？很多时候，能帮你的人往往是一些不起眼的小人物，所以千万不要瞧不起小人物。

一个年轻人大学毕业后进入了一间律师事务所，成为那里最年轻的一名律师。但很快他就发现自己的处境很不妙：他清楚法律文书写作的全部程序，但却无法写得精彩；他没有实际经验，也不知道怎样和当事人沟通，在这里每个人都忙着自己的事，没人愿意帮助他，指导他……

有一天接近深夜的时候，他还在一个人加班，突然大嗓门的保安没敲门就闯了进来，"你怎么还不走啊！快点快点，巡完楼层我还得睡觉呢！"

年轻的律师很生气，"我在加班，你没看到吗？你以为我喜欢这样加班吗？"他越说越激动，竟然把自己的烦心事儿全说了出来，保安看了他一眼，没说话就出去了。过了几天，他乘电梯时遇到了经理，而那个保安也在电梯里。保安看了他一眼，突然转过脸，无所顾忌地对经理说："怎么搞的，我怎么总碰见这个小伙子在深夜加班呀！你干嘛不找个熟手带带他，让他自己瞎琢磨什么啊！"年轻的律师简直惊呆了，他惊慌地朝经理看去，经理也正看着他。"让我想想！"经理自言自语地说了一句。第二天，经理让他去给一个资深律师当助手，并勉励他好好做，两年后，他已经可以独当一面了。他由衷地感谢那个粗野的保安，是他帮了他一个大忙。

保安只是一个小人物，但他却能仗义直言，帮年轻的律师摆脱了困境，可见一些不起眼的小人物在关键时刻也能起到重要作用。

再让我们看看这个故事：杰克·伦敦的童年，贫穷而不幸。十四岁那年，他借钱买了一条小船，开始偷捕牡蛎。可是，不久之后就被水上巡逻队抓住，被罚去做劳工。杰克·伦敦找机会逃了出来，从此便走上了流浪水手的道路。

两年以后，杰克·伦敦随着姐夫一起来到阿拉斯加，加入到淘金者的队伍。在淘金者中，他结识了不少朋友。他这些朋友中三教九流什么都有，而大多数是美国的劳苦人民，虽然生活困苦，但是在他们的言行举止中充满了生存的活力。

杰克·伦敦的朋友中有一位叫坎里南的中年人，他来自芝加哥，他的辛酸历史可以写成一部厚厚的书。杰克·伦敦听他的故事经常潸然泪下，而这更加坚定了杰克·伦敦心中的一个目标：写作，写淘金者的生活。

在坎里南的帮助下，杰克·伦敦利用休息的时间看书、学习。1899年，23岁的杰克·伦敦写出了处女作《给猎人》，接着又出版了小说集《狼之子》。这些作品都是以淘金工人的辛酸生活为主题的，因此，赢得了广大中下层人士的喜爱。

杰克·伦敦渐渐走上了成功的道路，他著作的畅销也给他带来了巨额的财富。

刚开始的时候，杰克·伦敦并没有忘记与他同甘苦共患难的淘金工人们，正是他们的生活给了他灵感与素材。他经常去看望他的穷朋友们，一起聊天，一起喝酒，回忆以往的岁月。

但是后来，杰克·伦敦的钱越来越多，他对于钱也越来越看重。他甚至公开声明他只是为了钱才写作。他开始过起豪华奢侈的生活，而且大肆地挥霍。与此同时，他也渐渐地忘记了那些穷朋友们。

有一次，坎里南来芝加哥看望杰克·伦敦，可杰克·伦敦只是忙于应酬各式各样的聚会、酒宴和修建他的别墅，对坎里南不理不睬，一个星期中坎里南只见了他两面。

坎里南头也不回地走了。同时，杰克·伦敦的淘金朋友们也永远地从他的身边离开了。

离开了生活，离开了写作的源泉，杰克·伦敦的思维日渐枯竭，他再也写不出一部像样的著作了。于是，1916 年 11 月 22 日，处于精神和金钱危机中的杰克·伦敦在自己的寓所里用一把左轮手枪结束了一生。

杰克·伦敦成名了，就开始瞧不起那些生活在社会底层的人，结果使自己陷入无助之中，最后用手枪结束了自己的生命。杰克·伦敦的经历告诉我们：永远不要瞧不起地位卑微的朋友，多结交一个朋友就多一条路，离开他们，你也许就会一无所有。

地位只是一个人身份、权力的象征，如果你把它看得太重，就会失去许多朋友、帮手。人生路上，你需要各种各样的朋友来帮助你，包括地位卑微的朋友。

7. 看人时不要只看短处

一个哲学家坐船过河，他问船夫："你懂得哲学吗？"船夫摇摇头。"那你看过斯突诺莎的书吗？"船夫又摇摇头，哲学家轻蔑地看了船夫一眼，"那你就失去了活着的乐趣。"一会儿后，船突然要沉了，哲学家惊慌地乱叫。船夫问"你会游泳吗？先生。"哲学家摇摇头，船夫笑了，"那么，你将失去活着的权力！"

每个人都有各自的特点，有自己的长处，也有自己的短处。不能因为别人在某方面不如你就瞧不起对方，小瞧人的人，常常不如人。

皇帝的御橱里有两只罐子，一只是陶的，另一只是铁的。骄傲的铁罐瞧不起陶罐，常常奚落它。

"你敢碰我吗，陶罐子？"铁罐傲慢地问。

"不敢，铁罐兄弟。"谦虚的陶罐回答说。

"我就知道你不敢，懦弱的东西！"铁罐说着，显出了更加轻蔑的神气。

"我确实不敢碰你，但不能叫做懦弱。"陶罐争辩说，"我们生来的任务就是盛东西，并不是用来互相撞碰的。在完成我们的本职任务方面，我不见得比你差。再说……"

"住嘴！"铁罐愤怒地说，"你怎么敢和我相提并论！你等着吧，要不了几天，你就会破成碎片，消灭了，我却永远在这里，什么也不怕。"

"何必这样说呢，"陶罐说，"我们还是和睦相处的好，吵什么呢！"

"和你在一起我感到羞耻，你算什么东西！"铁罐说，"我们走着瞧吧，总有一天，我要把你碰成碎片！"

陶罐不再理会。

时间过去了，世界上发生了许多事情，皇朝覆灭了，宫殿倒塌了，两只罐子被遗落在荒凉的场地上。历史在它们的上面积满了渣滓和尘土，一个世纪连着一个世纪。

许多年以后的一天，人们来到这里，掘开厚厚的堆积物，发现了那只陶罐。

"哟，这里有一只罐子！"一个人惊讶地说。

"真的，一只陶罐！"其他的人说，都高兴地叫了起来。

大家把陶罐捧起，把它身上的泥土刷掉，擦洗干净，和当年在御橱的时候完全一样，朴素、美观，毫光可鉴。

"一只多美的陶罐！"一个人说，"小心点，千万别把它弄破了，这是古代的东西，很有价值的。"

"谢谢你们！"陶罐兴奋地说，"我的兄弟铁罐就在我的旁边，请你们把它掘出来吧，它一定闷得够受的了。"

人们立即动手，翻来覆去，把土都掘遍了。但一点铁罐的影子也没有。——它，不知道什么年代，已经完全氧化，早就无踪无影了。

铁罐确实比陶罐结实，这是它的长处，只不过铁罐只看到了自己的长处，却没有看到陶罐的长处：美观，可以丝毫无损地保存上千年。它瞧不起陶罐，奚落陶罐，但结果呢？陶罐历经千年不朽，它却因为被氧化而无影无踪，难怪俗语说："小瞧人，不如人。"

美国有一个拳手叫汤姆·弗基，刚入道的时候他还只有20岁，那正是个年轻气盛的年龄。凭着出拳有力，步法灵活的特点，他已经连续取得了几场比赛的胜利，于是他变得得意起来，认为自己与拳王的距离已经越来越近了，对一些不太出名的拳手更是看不进眼里。有一次，经纪人安排他和一个叫马卡·里乔的拳手打一场，马卡至少打了九年拳了，但却成绩平平，而且三十六岁的他早已过了拳击手最好的年龄。这使汤姆有种受辱的感觉，他扬言只要三回合就可以"放倒那个老家伙！"

比赛开始了，汤姆一上场就发起一轮暴风雨式的进攻，左勾拳，右勾拳，打的虎虎生风，马卡并没有主动进攻，只是不停的躲闪，台下叫好声一片，汤姆更得意了，他认为马卡实在不堪一击，但就在这一回合结束的前几秒钟，马卡突然出了一记重拳，汤姆竟然被击倒在地，汤姆认为是自己太大意了，下场一定要给对方点颜色看看。休息时，他的教练告诉他，马卡是一个很难缠的对手，让他一定要小心。但一上场，汤姆就把教练的警告扔在脑后，结果汤姆一直没能打倒对手，两人打满了12回合，汤姆侥幸以点数取胜。然而这并不是什么光彩的胜利，汤姆付出了巨大的代价：眼角撕裂，两个指节骨折。事后仔细想一想自己实在不该小瞧马卡，他虽然年纪大了，但经验却要比自己多上很多。他打起拳来有策略，不像自己一样蛮干，他会保护自己，他有清醒的判断力……自己能够取胜，实在是一件侥幸的事，马卡给了汤姆一个很好的教训；从此汤姆再也不敢小看任何一个拳手，无论是新人还是老将。因为他知道每个人都有自己的不凡之处，小看了他，你就会吃大亏。

生活中，很多人也都容易犯汤姆的错误，能看到自己的长处，而看别人时却只能看到短处，这是一件很遗憾的事，小看别人就会使你做出错误的判断，做起事来就容易落败甚至沦为别人的笑柄，就像汤姆·弗基一样。

小瞧别人的心理，是你成功的一大障碍，你应该常常提醒自己：千万不要看轻任何人，你未必就比人强！

下篇
说话要幽默:幽默让你备受欢迎

◎ 第一章　幽默给你的口才插上魅力的翅膀

◎ 第二章　幽默让形象更加高大

◎ 第三章　幽默让你的智慧闪光

◎ 第四章　幽默是说服他人的敲门砖

◎ 第五章　用幽默助你摆脱尴尬

◎ 第六章　让幽默成为你的一种表达方式

◎ 第七章　用幽默调剂你的工作

第一章　幽默给你的口才插上魅力的翅膀

作为思想、学识、智慧和灵感在语言运用中的结晶，幽默是一种瞬间闪现的光彩夺目的火花。给你的口才里加一点幽默的因子，会让你魅力倍增。

1. 一句幽默胜过十句说教

幽默可增加你的活力，使生活多一点情趣。幽默的力量能使你令人难忘，同时给人以友爱与宽容。除此以外，幽默还能润滑现实，超越用其他方法无法超越的限制，委婉表达自己的观点。

公共汽车上，一位老太太不停地打扰司机，汽车每行一小段，她就会提醒司机她要在哪儿下车。司机一直很有耐心地听，直到她后来大叫："但是，我怎么知道我要下车的地方到了没有？"司机说："你只要看我脸上笑开了，就知道了。"

由于他人的妨碍，无法把工作做好，同时对此人又不允许直言冒犯，故而采用委婉的幽默方式便可达到目的，运用幽默的力量便能清扫成功道路上的障碍。

一天，索罗斯敲开邻居家的门："请把您的收录机借给我用一个晚上好吗？"

"怎么，你也喜欢晚间特别节目吗？"

"不，我只想夜里能够安安静静地睡上一觉。"

如果你在处理棘手问题时，不敢勇敢地表达自己的看法，而是用一般的方式希望对方主动妥协，往往很难奏效。

林肯对麦克伦将军没能很好地掌握军机深感不满，于是他写了一封信：

"亲爱的麦克伦：

如果你不想用陆军的话，我想暂时借用一会儿。"

如果一些人不能把分内的工作做好，又对他人期望值太高，要求太多时，也应该肯定地表达你的看法，其方式当然曲折、委婉一点好。

有幽默感并且在事业中功成名就的人，会经常接受到来自他人的幽默，同时也常常以幽默的力量回报对方。因此这些人能够在交际中缩短与普通人沟通的距离，其成功的宝座就会越坐越稳。

查理在一家公司工作，他常常在工作时间去理发店。

一天，查理正在理发，碰巧遇见了上司。他想躲，可上司就坐在他的邻座上，而且已经认出了他。

"好啊，查理，你竟然在工作时间来理发，这是违反公司规定的。"

"是的，先生，我是在理发。"他镇定自若地承认，"可是你知道，我的头发是在工作时间长的呀。"

上司一听，勃然大怒："难道都是在工作时间长的吗？"

"是的，先生，您说得完全正确。"查理答道，"可我并没有把头发全部剃掉呀！"

不论语言正确与否，单就这充满幽默力量的对答就体现出员工的信心与机智，他相信，与自己的上司开个玩笑是在当时情况下处理尴尬局面的最好方式。

与你的下属一起快乐，并不是以你自己为中心，而是以关心他人的方式来邀请他和你一起笑，进而引发足以激励他人的幽默力量。

经理叫新聘的女秘书笔录一封信给旅行中的太太。当她把信写好给他看时，他发现漏了最后一句"我爱你"。

经理："你忘了我最后的话。"

女秘书："不！我没有忘记，我还以为你那句话是对我说的呢！"

正如每一位下属把自己的将来交给自己的上司一样，每一位经理和居于领导地位的人，也都把他的将来交到属下的手中。当你运用幽默力量去帮助别人更有成就时，你会发现不仅更容易将责任托付给他人，而且能更自由地去发展有创意的进取精神。幽默的力量能改善你的将来，因为你的属下、同事会认同你，感谢你坦诚开放的态度，和你一起笑，对任何事情都持乐观态度，以轻松的心情面对自己的能力。

职员："老板！"

老板："什么事！"

职员："我老婆要我来要求您提拔我。"

老板："好吧！我今晚回家问问我老婆是否同意提拔你。"

这是以其人之道还治其人之身。幽默的背后蕴含鞭策，通过对自己的取笑来达到激励对方积极向上的目的。

幽默的力量是属于你自己的，是你和你在人生中所扮演的角色所拥有的。这种力量能使人解脱，它使我们自由自在地表现自己，表达我们的想法，并表露我们的感受，而得以自由地去冒险，表现不平凡的作为，创造有意义的人生。

2. 幽默可以有效地调节气氛

幽默是人们适应环境的工具，是任何人在面临困境时减轻精神和心理压力的方法之一。因此，生活中的每个人都应当学会幽默。多一点幽默感，少一点气急败坏，少一点偏执极端，少一点你死我活。因此说，幽默是空气清新剂，能缓解紧张的矛盾，使交往更融洽和谐。

一个老农放羊经过乡政府，乡长看到后大声呵斥："不许在这儿放羊吃草！"

老农连忙赶羊，边走边说："你以为你是干部啊，走到哪儿吃到哪儿！"

一个人的语言可以像优美的歌曲，也可以像伤人的邪火。幽默机智的话能给人以喜悦满足之感，在社交中适地适时地运用幽默将会使人们的关系更加和谐、亲切。可以说，幽默是人类特有的天赋，幽默与智慧相伴。古往今来，许多智者都不乏幽默感，他们的智慧中蕴含着幽默，幽默中含有机智，正如俄国文学家契诃夫所说："不懂得开玩笑的人是没有希望的人！这样的人即使额高七寸、聪明绝顶，也算不上真正有智慧的人。"

老张作报告，他谦虚地说："同志们，我水平低，说话零零碎碎，像羊拉屎。"

下面的听众立即哄堂大笑。

老张接着又说："不合大家的胃口，请多多包涵。"

听众各个瞠目结舌。

怎样才能成为一个幽默的讲话者呢？简单地讲，就是说话时往往不用陈词套话，而要绕个弯子用俗语、谚语、外来语，或用比喻、比拟、反语、双关、移用等来说话。

语言学家林语堂就很风趣："女士们、先生们：我觉得，绅士们的演讲，应该像女人们的裙子，越短越好……"

我们日常生活中，只要不满足于"惯性表达"，善于说话前先在脑子里打个"弯"，这时说出来的话也许就俏皮得多。说一个人思想很保守，不听劝，说"他呀，榆树疙瘩，不开窍"就风趣得多。

幽默作为一种"错位"语言艺术，常常运用意外的甚至驴唇不对马嘴的移植或组合，构成令人捧腹的幽默，因此要突破常规思维，这样才能巧发奇中。平时要多留意以"错位"为特征的幽默言语，但要注意，幽默的俏皮话并非格调低下的哗众取宠，表达时要恰到好处，多用则令人生厌，近于油滑。幽默风趣的目的是"激活"信息输出机制，调剂人际关系，绝不是不顾场合的挖苦和嘲弄。高明的风趣和幽默益智明理，折射出一个人的美好心灵，它是以不损害别人为前提的。

趣说自己，是把自己看做是幽默对象，风趣地介绍自己的缺点、优点、特有的经历和思想感情等。说自己的缺点是一种自嘲，但不是自轻自贱，而是一种豁达开朗和返璞归真的人性美的体现。有时趣说自己也是一种高妙的应变技巧。

新中国成立前，上海有位姚明晖教授，体弱清瘦，总是宽袍大袖。入冬畏寒，他头戴大风兜，远看只露出一副眼镜、尖尖的鼻子和一撮山羊胡须，样子很滑稽。一天上课，一进教室就看见黑板上不知谁画了个酷似他本人的猫头鹰。姚教授毫无怒色，拿起粉笔，在旁边写了一行字："此乃姚明晖教授之尊容也"。

他那大智若愚的通达，闲适自处的超脱，使学生对他产生高山仰止的尊重。许多伟人、名人，在公共场合都曾谈笑风生地趣说过自己。

趣说自己，可以说自己成长过程中的趣事，也可以用诙谐的谈吐介绍自己的性格、脾气、爱好，说说自己的缺点，说说这些给自己带来的好处或值得汲取的教训，还可以说说自己一段有惊无险的经历。

有一次，财政部长乔治·汉弗走进艾森豪威尔的总统办公室时，艾森豪威尔握住他的手并亲切地说："亲爱的乔治，我注意到你的梳头方式和我一样。"汉弗抬头一看，原来艾森豪威尔和他一样，都是光头。

弥勒佛之所以笑口常开是因为他大肚能容天下事，幽默者也需要弥勒佛般的"大肚"，只有如此，才能真正地调动你全身的幽默细胞。俗话说"伸手不打笑脸人"就是这样一个道理。当然，重大的原则问题当然不能等闲对待，不同问题应该不同解决。幽默轻松，表达了人类征服忧愁的能力，广布欢笑，令人如坐春风，神清气爽，困顿全消。在人的精神世界里，幽默实在是一种丰富的养料。

3. 幽默让说话上升到艺术的高度

笑可以缓解人们的情绪，能表达出人类征服忧患的能力，也能增进人们的友谊、信任和联系，而幽默的笑则是一种有趣的、高尚的、会心的、意味深长的笑。在演说、谈话中，一些就地取材的诙谐语言，灵机一动的智慧闪光，不露痕迹插进的成语典故和幽默笑谈，既调节了说话节奏，也使听者解除了疲劳，从而给人以美的享受。

在人际交往中，当矛盾发生时，对于那些缺少幽默感的人，会把事情弄得越来越糟；而幽默者则能使交际变得更顺利、更自然。幽默是一种优美、健康品质的体现，一个幽默过人的人，往往在悲苦时会显得轻松，欢乐时会显得含蓄，危险时而显得镇静，讽刺时不失礼，孤独时不绝望。

不仅如此，幽默还可作为一种避免得罪人的"火力侦察"。当一个人准备向自己的友人提出某项要求又摸不准对方态度时，可用幽默之语"放气球"，若对方由于某种原因不能或不愿满足你的要求的话，可以用开玩笑的方式加以推脱，这样就不至于因为拒绝而陷于尴尬境地，双方的自尊心也都不会受到伤害；若以幽默含蓄的方式提出的要求被对方应允了，则可以继而转入进一步的讨论，落实此事就不在话下了。

寝室，新生初到，争排座次。老七心直口快，与老八争执了半天，见比自己稍小几日的老八终于叨陪末座，便说道："好啦，你排在最末，是咱们寝室的宝贝疙瘩。你又姓王，以后就叫你'疙瘩王'啦。"说者无心，听者有意。原来老八长了满脸的疙瘩，俗称"青春美丽症"，每每深以为恨，此时焉能不恼？老七见又惹来了风波，心中懊悔不已，表面上却不急不恼，揽镜自顾道："'蜷在两腮分，依在耳翼间，迷人全在一点点'。唉，老八，我这真是'一波未平，一波又起'呀！"老八听了，不禁哑然失笑。原来，老七也长了一脸的雀斑。

老舍先生说过："幽默者的心是成熟的。"幽默的语言能使矛盾的双方摆脱困境，使僵局打破并在笑语中消逝。

英国戏剧家萧伯纳堪称幽默大师。有一天，年迈的萧伯纳在街头被一辆自行车撞倒，虽然没发生可怕的事故，但毕竟这一惊吓非同小可。骑车者立即扶起戏剧家，并连连地大声向他道歉。萧伯纳打断了他，说道："不，先生，您比我更不幸。要是您再加点儿劲，那就可以作为撞死萧伯纳的好汉而永远名垂史册啦！"

萧伯纳这几句戏语使本来紧张的气氛倏地消失于嬉笑之中。

有的幽默能启发人在忍俊不禁的大笑中引起思索，体会到蕴涵的哲理；有的幽默又能在人们嬉笑之后引以为自省。

有一次，生物学家格瓦列夫在讲课，突然，一个学生在下面学鸡叫，课堂里顿时一片哄笑。这时，格瓦列夫却镇定自若地看了看自己的挂表，不紧不慢地说："我这只表误事了，没想到现在已是凌晨。不过请同学们相信我的话，公鸡报晓是低等动物的一种本能。"

这种"张冠李戴"的幽默式批评，给学生们起到了警告的作用。

此外，幽默还有稳定情绪、减低愤怒、"化险为夷"的功能。在一个团队中，假如即将爆发尖锐的冲突，这时，如果有人插科打诨，运用几句妙趣横生的言辞，则很可能化干戈为玉帛，使剑拔弩张变为过眼烟云，从而避免发生一场"针尖对麦芒"的交锋。

4. 幽默让你苦中有乐

在不尽如人意的生活中，幽默能帮助你排解愁苦，减轻生活的重负。用幽默的态度对待生活，你就不会总是愤世嫉俗，牢骚满腹，你就能通过幽默的方式学会苦中作乐。

从困境中寻找快乐是一种愿望，但这个愿望的实现需要借助于相当勇敢的、超乎常人的丰富的想象。但是，有了这样的想象而不善于在想象中借助偶然的因素来构成某种荒谬的推理，也就很难成功地运用幽默的艺术。

而荒谬之妙，就在于荒诞的逻辑性。荒谬性的逻辑可以归结为一句话，即"无理而妙"，越是幽默，道理也就越是讲不通。

美国成功的剧作家考夫曼，二十多岁的时候就挣到了一万多美元，这在当时对他来说是一笔巨款。为了让这一万美元产生效益，他接受了自己的朋友、悲剧演员马克兄弟的建议，把一万美元全部投资在股票上，而这些股票在1929年的经济大萧条中全部变成了废纸。但是，考夫曼却看得很开，他开玩笑地说："马克兄弟专演悲剧，任何人听他的话把钱拿去投资，都活该泡汤！"

考夫曼股票投资的失败是美国经济危机造成的，而他却充分发挥了他剧作家的想象力，把原因归结到他股票投资的建议者马克兄弟身上，荒谬地说是因为马克兄弟专演悲剧才造成了他投资失败的悲剧。面对那么一大笔损失，考夫曼没有真正怨天尤人，而是运用了假托埋怨、苦中作乐的方法面对这种财产损失的痛苦和困境。

你有没有因为自己的年华逝去而惆怅不已？当自己越来越老的时候，幽默的人会说："我并不老，才到人生盛年而已。只是我花了比别人更多的时间才到盛年。"你有没有曾经因为自己不能拥有令自己满意的容貌、身高而苦恼不堪?

美国第16任总统林肯貌不惊人,他经常拿自己的容貌开玩笑,用这种方式与周围的人沟通。有一次,他讲了这样一则故事:"有时候我觉得自己好像一个丑陋的人,我在森林里漫步时遇见一位老妇人。老妇人说:'你是我所见过的最丑的一个人。''我是身不由己。'我回答道。'不,我不以为然!'老妇人说,'长得丑不是你的错,可是你从家里跑出来吓人就是你的不对了!'"

没有人会因为自己容貌丑陋而骄傲,也不会有人喜欢自己越来越老。可是面对我们不能改变的与生俱来的东西我们可以换一种心态来对待,我们要学会苦中作乐。上面这些痛苦都是可以预料到的渐渐产生的,而有时候,危险会从天而降,痛苦会突如其来,那时候你是否还有苦中作乐的从容心态呢?

有一位销售员,他攒钱攒了好几年,好不容易买了一辆新汽车。有一次,他教太太开车,车下坡时,煞车突然失灵了。

"我停不下来!"他太太大叫,"我该怎么办?"

"祷告吧!亲爱的。"销售员也大叫,"性命要紧,不过你最好找便宜的东西去撞!"

车撞在路旁的一个铸铁垃圾箱上,车头撞坏了。然而他们爬出车子时,并没有为损失了一大笔财产而沮丧,反而为刚才的一段对话大笑起来。目睹的行人以为他们疯了,要么就是百万富翁在以离奇的方式寻找刺激。有人走过来问:"你们想把车子撞坏吗?"销售员说:"我太太看见了一只老鼠,她想把它轧死。"

笑是一种简单而又愉快的运动,幽默产生的时刻,也正是人的情绪处于坦然开放的时刻。所罗门王的许多名言都告诉我们,幽默和健康是分不开的。例如"心中常有喜乐,身体常保健康"。古罗马人相信笑应该是属于餐桌上的，因为笑能促进消化。

学会了苦中作乐，你就窥见了通向身心健康的门径。

5. 幽默可以成为控制情绪的工具

我们在与人相处时，不可能事事一帆风顺，也不可能要求每个人都对我们笑脸相迎。很多时候，我们也会被他人误解，甚至被嘲笑，被轻蔑。这时，如果我们不能善于控制自己的情绪，就会造成人际关系的不和谐，对自己的生活和工作都将带来很大的影响。所以，当我们遇到意外的情景时，就要学会用幽默的力量控制自己的情绪，因为轻易发怒只会造成反效果。

有的人在与他人合作中听不得半点"逆耳之言"，只要别人的言辞稍有不恭，不是大发雷霆就是极力辩解，其实这样做是不明智的。这不仅不能赢得他人的尊重，反而会让人觉得你不易相处。保持虚心、随和、幽默的态度将使你与他人的合作更加愉快。

美国前总统罗斯福年轻时体力比不上别人。有一次，他与人到白特兰去伐树，到晚上休息时，他们的领队询问白天每人伐树的成绩，同伴中有人答道："塔尔砍倒53株，我砍倒49株，罗斯福这个笨蛋只砍倒了17株。"

虽然同伴说的是玩笑话，但对罗斯福来说可确实不怎么顺耳，当罗斯福就要发怒时，他突然想到自己砍的树的确很少，简直和老鼠筑巢时咬断树基一样，不禁笑着说："你说得不对，我是用牙齿使劲咬断了17株。"

罗斯福是一个善于控制自己情绪的人。他以幽默的方式心平气和地面对自己的不足和他人的攻击。体现了他非同寻常的忍耐力和大度宽容的胸怀。

事实上，凡是允许情绪控制行动的人，都是弱者，真正的强者会迫使自己的行动控制其情绪。一个人受了嘲笑或轻蔑，不应该表现得窘态毕露，无地自容。如果对方的嘲笑中确有其事，就应该勇敢幽默地承认，这样对你不仅没有损害，反而大有裨益；如果对方只是横加侮辱，盛气凌人，且毫无事实根据，那么这些对你也是毫无损失的，你尽可幽默对待，这样益发显现出你人格的高尚。

乔羽是中国著名的词作家，在他和夫人结婚 40 周年的纪念日，一群朋友前来庆贺。有位年轻人问"乔老爷"："一个男人同一个女人在一起，居然能生活 40 年之久，真是不可思议?"这一提醒，引得众客人纷纷要求他介绍婚姻成功的经验，并给予评价。乔羽有些不知所措，道："怎么说呢?"年轻人嚷道："介绍经验，实话实说!"乔羽把玩着酒杯，沉吟了一下，便缓缓地一字一句道来："如果让我说实话，我只有一个字，叫做——'忍'!"夫人余琦不等惊愕的人们回过神，又补充了一句："我也有四个字的经验，叫做'一忍再忍'!"

能否很好地控制自己的情绪，首先取决于一个人的气度、涵养、胸怀、毅力，其次就是要掌握其他的一些缓和情绪的方法，幽默就是其中重要的一种。历史上和现实中气度恢宏、心胸博大的人都能做到有事断然、无事超然、得意淡然、失意泰然。正如一位诗人所说：忧伤来了又去了，唯我内心平静常在。

6. 幽默能减轻你的痛苦

据美国芝加哥《医学生活周报》报道，美国一些医院已经开始雇用"幽默护士"，陪同重病患者看幽默漫画及谈笑，作为心理治疗的方法之一，因为幽默与笑声，往往可协助病人解除疼痛。

在实际生活中，当你患病、住院或遭受意外伤害时，幽默的确能帮你减轻痛苦。即使在最简单的情况下，你的幽默也能帮助你改变生病时的烦闷心情。这一点你可以向下面这位生病的老妇人学习。她在幽默的诉说中减轻了自己的痛苦，也宽慰了朋友。

有一位老妇人在雪地上滑了一跤，不但左臂骨折，更让她痛苦的是肩关节脱臼；但她还是能够笑着对朋友说："如果你有机会滑跤，宁愿跌断手臂，也要护住你的肩膀。"

的确，疾病对人的打击并不是一件小事，但一个有超脱、潇洒的生活态度的人却不会因此而失去生活的希望和欢乐。

不幸的基姆先生病了。医生彻底检查完了之后，十分悲哀地告诉他："你的健康状况糟透了！您腿里有水，肾里有石，动脉里有石灰……"基姆接着道："现在您只要说我脑袋里有沙子，那么我明天就可以盖房子了！"

幽默和"笑"是密不可分的。"笑"是幽默的产品，而关于"笑"的功能，外国人说，"快乐的微笑是保持生命健康的唯一药方，它的价值是千百万，但却不要一分钱"。中国人说，"笑一笑，十年少"，"笑口常开，百病不来"。

有这样一个故事：

传说我国清朝有位八府巡按，长期患精神忧郁症，看了许多医生，都未见效。一天他因公坐船经过山东台儿庄，忽然犯了病，地方官员推荐了一名当地有名的老医生为他治病，医生诊脉后说："你患了月经不调症。"巡按一听，顿时大笑，认为他是老糊涂了。以后他每想起此事，就要大笑一阵，天长日久，他的病竟自己好了。过了几年，巡按又经过台儿庄，想起那次有病之事，特意来找老医生，想取笑一番，老医生说："你患的是精神忧郁症，无什么良药可治，只有心情愉快，才能恢复健康，我是故意说你患了'月经不调症'，让你经常发笑。"

最新的医学研究发现，笑口常开可以防治传染病、头痛、高血压及过度的压力，因为幽默的笑声，可以增加血中的氧分，并刺激体内的内分泌，对降低病菌的侵袭大有帮助。而不笑的人，患病概率较高，并且一旦生病之后，也常是重病。

美国作家卡森斯曾担任《星期六评论》杂志的编辑。他长期日夜操劳，患了一种严重的病——结核体系并发症，身体虚弱，行动不便，痛苦万状。虽多方求医，但收效甚微，不少名医诊断为不治之症。

后来，卡森斯听从了一位朋友的劝告，在除了必要的药物治疗外，决定采用一种奇特的幽默疗法。他搬离了医院，住进一家充满欢乐气氛的旅馆，常常看一些幽默风趣的喜剧片，和朋友们进行幽默的交谈，听人讲一些幽默故事，使自己整天处于一种轻松欢快、无忧无虑的状态，每天都出声笑上好一阵子。卡森斯发现，一部10分钟的喜剧片可以带给他两小时无痛苦的睡眠，他还惊喜地发现，笑可以减轻发炎，而且这种"疗效"可持续很久。与此同时，他还辅以适当的营养疗法。几个月后，奇迹出现了，卡森斯居然恢复了健康。

卡森斯总结自己战胜病魔的经验，开出一张"幽默处方"，并风趣地取名"卡森斯处方"。其中有这样一些内容：

"请认清每个人都有内在的康复功能。充实内在的康复能力。利用笑制造一种气氛，激发自己和周围其他人的积极情绪。发展感受爱、希望和信心，并培养强烈的生存意志。"

这一处方的核心是以笑来激发生活的力量、生存的意志、康复的能力，进而增强精力，战胜疾病。

莫蒂医生也在他写的《笑：幽默的治疗能力》一书中指出：临床实践表明，笑具有治疗的效力。医生将笑传给病人，就增加了病人的生活能力。

有些科学家的研究还表明，欢乐和笑能刺激脑部产生一种使人兴奋的荷尔蒙。它一方面能促使身体增加抵御疾病的能力，另一方面还能刺激人体分泌一种名叫"因多芬"的物质，这是人体自然的镇静剂。这样，关节炎、某些创伤所引起的痛苦，都会因此而有所减轻。

幽默能减轻人的痛苦，这不是今人的新发现。清代的《祛病歌》就是"快乐祛病法"的有效证明。

生活经验和科学研究都证明，身体健康的重要保证是"心乐"。有健康的心理，才会有健康的身体。幽默常在，精神开朗，身体就容易康复；反之，如果忧愁悲伤，萎靡不振，疾病就会乘虚而入。

7. 运用幽默改善与他人的关系

幽默是运用你的幽默感来增进你与他人的关系，并改善你对自己真诚评价的一种艺术。我们深信每个人都能够根据别人的经验，去发现如何按下幽默的按钮！

在生活当中，赞扬需要幽默，指责更需要幽默，幽默能使指责传达善意。如果双方发生了矛盾，出现了意见分歧的现象，其中之一的当事人撇开严肃的态度，用幽默的语言来暗示责备，那么即使是调侃式的、半宽容的幽默语言，也能正确无误地表达出责备，以达到不至于伤害他人的目的。幽默之所以能产生这么大的功效，其原因就在于，幽默传达给对方后，对对方产生作用的不完全在于这是些什么话，有很大因素在于你的幽默能给对方一种什么样的感觉。

在社交中，赞扬、指责或者是表达同情心，都可以带上一些幽默色彩。幽默，也可以说是社交活动的润滑剂。当然，在社会活动中，也有需要用讽刺意味表达的时候，但讽刺不要成为挖苦。当讽刺加上幽默的色彩时，它就会达到一个较高的层次。

有位老先生买了一个助听器，于是他到处向朋友们夸耀。"这是我这辈子用钱用得最恰当的地方了！"他大着嗓门说，"耳朵里塞上这东西以前呀，我耳背得像木桩。现在呢，如果我在楼上卧室里，厨房里水开了，我就能立即听到。如果一辆汽车开上车道，我在一里外就能听见。不瞒各位，这是我花钱花得最合算的东西了。"

他的朋友都附和着一个劲地点头。其中一个问："多少钱？"

那位先生看了看表，回答道："差一刻三点。"

幽默是一种天然的防卫武器。现实生活中，有很多事情令人手足无措，无所适从，有很多事情通过一般方法是难以解决的，这时，人们往往采用幽默的方式，把自己的所有不满和不快全包含在一笑之中。

第二章　幽默让形象更加高大

"有理不在声高。"这是中国传统中的经典语言。幽默也有这样的特点，以理服人，以柔克刚，以静制动，温和亲切，物我两忘，充分展现你的幽默才能和处事不惊的风度，会让你左右逢源，快乐一生。

1. 幽默可以提升个人的魅力

具有怎样特征的人才更吸引他人呢？一般人会说出友善、热情、开朗、宽容、富有、乐于助人、幽默、有责任感、工作能力强等许多的特征，但相关专家提出：在这些所有特征中间最重要的莫过于幽默了。这并不是说其他的特征不可贵，因为在人与人的交往过程中没有太多的机会展示那些特质。

假若把各种优良特质比作钻石的各个侧面，幽默感则是钻石直接面向我们的那一面，可以直接折射出智慧的光辉。

在古代，"桃李不言，下自成蹊"是为人称道的交往观念，意思是说：桃树、李树虽不说话，却因为它们的鲜花和果实而把人们都吸引过来，以至于树下都被踩出了小道。

在当今社会中，人与人的交往强调以吸引力为基础，即使你再优秀再能干，如果你不会"自我展示"也不太容易引起他人的注意。

在有限的时间和空间之内，哪怕是初次见面和一次晚餐上，幽默都能让你一展才华，从而给人留下深刻印象。

幽默的特征之一是温和亲切，富有平等意识和人情味。学会运用幽默的方式，能够提升你的个人品位和绅士风度。

巴顿将军由于职业和性格的关系，他对自己家庭的内部管理，也采取了准军事的模式，凸显巴顿的风格。

儿子的卧室——写的是"男兵宿舍"

女儿的卧室——写的是"女兵宿舍"

客厅——写着"会议室"

厨房——写着"食堂"

那么，他们夫妻的卧室应该挂上一块"司令部"的牌子吧！

可是没有。那上面写的是——"新兵培训中心"。

能够在施展幽默时，保持平稳，有绅士风度，能够控制好各种情绪波动，将幽默的语言平淡地说出来，这是高手。因为越是这样越能和一般的幽默所产生的效果形成强烈反差。因此温和亲切，不仅能提升自己的品位和风度，更能增强你的语言幽默效果。

幽默能带给你意想不到的吸引力。你总是可以在幽默中发现睿智的光芒。思路清晰、反应敏捷、妙语惊人是具有幽默感的人的共同特征，他们总是可以从容地面对各种纷繁的场合，下面就以几个竞选的故事，来展现一下具有幽默感的人是怎样用其独特的魅力来保护自己，赢得胜利的。

造谣中伤在欧美官场上是常有的事：

加拿大的一位外交官斯却特·朗宁，生于中国湖北的襄樊，是喝中国奶妈的乳汁长大的。他回国后，在30岁时竞选省议员，当时反对派多次诽谤、诋毁他说："你是喝中国人的奶长大的，你身上一定有中国人血统。"

朗宁沉着地回击道："据权威人士透露，你们是喝牛奶长大的，你们身上一定有奶牛的血统。"

这真是绝妙的反击，同时又展示了他的机智，朗宁最终赢得了竞选。

约翰·亚当斯参加美国总统竞选时，共和党人指控亚当斯曾派竞选伙伴平克尼将军到英国去挑选四个美女做情妇。其中两个给平克尼，两个留给他自己：约翰·亚当斯听了哈哈大笑，说道："假如这是真的，那平克尼将军肯定是瞒过了我，全部独吞了！"

如果当时亚当斯怒不可遏指责对方的不义，不但不能解释清楚，反而会"越描越黑"。以幽默的语言作答，这种反击不是更加有效吗？最终亚当斯凭借着他的机智、才干和令人羡慕的幽默感当选了，并且成为美国历史上著名的总统。

2. 幽默的人更有风度

运用幽默，可以让你口吐莲花，舌绽春蕾。

几个朋友交谈，急性子的甲总是打断乙的话，使乙无法完整地表达出意思。这时乙站起来说："对不起，说话要排队，请不要中间插队好吗？"

这句话把大家的注意力都吸引到乙身上来了，甲发现乙抢了他的风头急中生智，也来了一句："请不要扳道岔！我现在重播一遍自己的观点。"

这时甲便也运用幽默的力量表现了自己，扳回了一局。可是乙又接着说："那好，我也把自己加了着重点符号的意见再说一下。"

在这样的层层幽默的推进下，不仅在场的每一个人都受到了感染，甲乙二人也在互动的幽默中展现了自我的非凡魅力。

在当代家庭中，丈夫的事业，常需要妻子出面帮衬，以求事半功倍之效。

有一位丈夫，常在晚上把客商带到家里来，让妻子准备饭菜，边吃边谈生意，不到夜深人静不收场。时间一久，妻子吃不消了。尤其有了小孩之后，又操持家务又带孩子，女主人被疲劳压得透不过气来。

后来，她想出了一个好办法，就近找了家小饭馆，丈夫把客人带来时，妻子也出面接待，入席坐定后，她还为每个客人夹菜，一边笑着说："希望筷子的双轨，能给各位铺出一条财路！"

然后说明自己要回家照顾孩子，转身告退。

这位贤内助美好得体的举止，赢得了客人的欢迎，也博得了丈夫的满意，因为她很好地表现了自己。

要想运用幽默手段表现自我，重要的是要懂得临场发挥，抓住每一个机会为自己所用。像上面的例子就是如此。只要你有足够的机智和智慧，懂得如何随着情境的变化而进行幽默，那么，生活中的每一个瞬间都是你表现自我的舞台。

在美国一个大饭店里，侍女在为一位顾客端上来一份芥末土豆糊时，顺便问道："您是干什么的?"

"我是葡萄牙国王。"

"噢。这个工作倒不错！"

这位侍女的幽默，将当国王看做是一项工作，把自己上升到了和国王平起平坐的地位，很好地表现了自己。

幽默是展现自我魅力的极佳方式，只有具有幽默感的人才能在社交场合处处赢得他人的青睐和喜爱。

3. 幽默展示你的知识和品位

有句谚语说："笑是力量的亲兄弟。"而幽默的笑则是有趣的意味深长的笑。"幽默是一种优美的、健康的品质。"幽默也是一种修养，一门学问。"世界上没有哪一位伟大的革命家、艺术家是没有幽默感的。"

知识是幽默的沃土，幽默是知识的产物。广博的知识使幽默得心应手，左右逢源。

我们看下面一个例子：

两个乡下财主站在村头说私房话儿，农夫老田见了，同他们打过招呼就走了。忽然，其中一个财主喊道："黑老田，站住！"

农夫站住了，对匆匆赶来的瘦财主说："您有什么事儿？"

瘦财主喘了喘气无中生有地说："你打断了我们的话把子，赔三石谷，折合洋钱五十块，必须三日之内交清。"

老田回到家里，愁眉苦脸，茶饭不进，只差没寻短见了。他的妻子问怎么了，老田照实说了。他的妻子就说："这有什么可怕的？到时由我对付！"

到了第三天，田妻叫老田上山打柴，自己便在家门口等着。瘦财主来了，劈头就问："你家老田呢？"

田妻不慌不忙地回答说："他上山挖漩涡风的根去了。"

瘦财主一听，喝道："胡说，漩涡风怎么还有根？"

田妻反问："那么，话还有把子吗？"

瘦财主无言以对，只得愤愤地走了。

幽默是建立在知识与经验的基础上，想成为一位幽默家，必须对古

今中外、天南地北、历史典故、风土人情都有所了解，

必须对天文地理、声光电化、文法哲经、名人轶事、影星趣闻都有所关注。

"世事洞明皆学问，人情练达即文章"。只有多读书多阅世，多积累知识，扩大知识面，懂得并熟练地按技巧操作，才能登堂入室，修成正果。

隋朝时，有个人很聪明，但说话结巴。官高气盛的杨素，常常在闲暇无聊的时候，把那人叫来说说笑话。

年底的一天，两人面对面地坐着，杨素开玩笑地说道："有一个大坑，深一丈，方圆也一丈，让你跳进去，你有什么办法出来吗？"

那人低着头，想了想，问道："有有有有梯子吗？"

杨素说："当然没有梯子，若有梯子，还用问你吗？"

那人又低着头想了想，问道："是白白白白天，还是黑黑黑夜？"

杨素说道："不要管是白天还是黑夜，你能够出来吗？"

那人说道："若不是黑夜，眼眼眼又不瞎，为什么掉掉掉掉到里面？"

杨素不禁大笑。又问道："忽然命你当将军，一座小城，兵不满一千，只有几天的口粮，城外有几万人围困，若派你到城中，不知你有什么退兵之策？"

那人低着头想了想，问道："有救救救救兵吗？"

杨素说道："就因为没有救兵，才问你。"

那人又沉吟了一会，抬头对杨素说："我审审审慎地分析了形势，如像您说的，不免要要吃败败败败仗。"

杨素大笑了一阵，又问道："你是很有才能的人，没有事情不懂得。今天我家里有人被蛇咬了脚，你能医治医治吗？"

那人应声答道："用五月端午南墙下的雪涂涂涂涂上就好了。"

杨素道："五月哪里能有雪？"

那人说："五月既然没没没有雪，那么腊月哪里有有有有蛇咬？"

这个人虽然说话不利索，但他头脑反应机敏，他用幽默把他的才华体现得淋漓尽致。

总而言之，幽默只有扎根知识的沃土，饱吸知识的营养，才能茁壮地成长起来。所以，一个幽默高手，一定要提高自己的知识修养。

4. 有内涵的幽默能展示你的影响力

人的幽默感是心智成熟、智能发达的标志，是建立在人对生活的公正、透彻的理解之上的。理解生活应当说是高层次的能力，在此基础上，才能形成更好的生活能力。

俄罗斯有一位著名的丑角演员尼古拉，在一次演出的幕间休息时，一个很傲慢的观众走到他的身边，讥讽地问道："丑角先生，观众对你非常欢迎吧？"

"还好。"

"要想在马戏班中受到欢迎，丑角是不是就必须具有一张看起来愚蠢而又丑陋的脸蛋呢？"

"确实如此，"尼古拉回答说，"如果我能有一张像先生您那样的脸蛋的话，我准能拿到双倍的薪水。"

傲慢的观众本想借此为难一下尼古拉，却反受到尼古拉巧妙而机智的还击。

通常从某种意义上说，培养自己的幽默感，也就是培养自己的处世、生存和创造的能力。有较强生活能力的人，通常也是一个有影响力和感染力的人。

一个人是否有影响力，在一定程度上取决于他是否具有幽默感，是否掌握了幽默的艺术。

著名诗人惠特曼是一个富于幽默感的人，而且他的幽默常常具有攻击性。也许，正是这种富于攻击性的幽默，更增强了他的影响力。

有一次，惠特曼在一次大会上演讲，他的演讲尖锐、幽默，锋芒毕露，妙趣横生。

忽然有人喊道："您讲的笑话我不懂！"

"您莫非是长颈鹿！"惠特曼感叹道："只有长颈鹿才可能星期一浸湿的脚，到星期六才能感觉到！"

"我应当提醒你，惠特曼先生，"一个矮胖子挤到主席台前嚷道，"拿破仑有句名言：'从伟大到可笑，只有一步之差！'"

"不错，从伟大到可笑，只有一步之差。"他边说边用手指着自己和那个人。

一个掌握了幽默艺术的人，他的幽默语言和行为会一传十、十传百，成倍地扩展。如果幽默的语言行为中有他的思想、观点，那么，就会有很多人来传播他的思想、观点。幽默的涟漪或效果一旦产生，你所要传达的信息也随即被他人接受。无论他人是反对还是支持，至少他已了解了你的想法，于是你的影响便由此而产生。

歌德有一次出门旅行，走进一家饭馆，要了一杯酒。他先尝尝酒，然后往里面掺了点水。

旁边一张桌子坐着几个贵族大学生，也在那儿喝酒，他们各个兴致勃勃，吵吵嚷嚷，闹得不可开交。当他们看到邻座的歌德喝酒掺水，不禁哄然大笑。其中一个问道："亲爱的先生，请问你为什么把这么好的酒掺水呢？"

歌德回答说："光喝水使人变哑，池塘里的鱼儿就是明证；光喝酒使人变傻，在座的先生们就是明证；我不愿做这二者，所以把酒掺水喝。"

幽默，是一门魅力无穷的艺术。幽默用它特有的魅力吸引着无数人，使他们为主倾倒。世界各国的人都以其特有的方式体现着他们的幽默智慧。

5. 幽默是构成个人活力的重要因素

一个具有丰富幽默感的人，他的生活是多面性的。他通常好像有用不完的能力，这些能力表现在多方面的兴趣上。而一个具有较强幽默力量的人，除了多方面的能力外，表现出来的还有充沛的活力和坚忍的意志。

我们翻开美国历史翻到发明大王爱迪生的年代。爱迪生除了是科学家、发明家外，还是个商人。由于他的发明，我们才能有现代的电灯设备、照相机、复印机和电影等。这些还只是他充沛的活力贡献给人类的一小部分。更耐人寻味的是爱迪生是一个世人皆知的幽默家。他小时候依靠幽默来应付困苦的生活，在火车上兜售糖果、点心和报纸。

有一次火车上的管理员不耐烦地扯了他的耳朵，使他的耳朵聋了。但是他后来说："谢谢那位先生，他终于使我清静下来，不必堵着耳朵去搞实验。"

他一生中留下了许多不朽的、著名的幽默语言和行为，有的妙语传遍世界各地，令几代人永怀不忘。

在美国建立之初，国民们就是依靠幽默的力量来应付并克服荒山野地的恐惧、殖民生涯的艰苦和新大陆的挑战。

美国人不会忘记富兰克林。他那几乎可以称之为强大的幽默力量，活生生地存留在他的《可怜的查理》一书中。他不仅是总统，还是作家、发明家、政治家、军事家、外交家及哲学家。

具有这种幽默感的人，往往具有很大的创造力。

所谓创造力并不是指单纯地创造某件实体或某种规则？比如，只有缺乏把握的人，才会用规划和条例来确定自己的方向，这就把自己当作一块橡皮或一枚回形针，以最有条理的方式存放在办公桌上。而真正的创造力应当属于在对某个问题尚未确立方案或答案之前，那是一个广阔的空间，你可以这样想，也可以那样想。所以它存在于开拓性的思维过程中。

例如，在没有找到最有效的开会方法或处理公文方法之前，我们仅以为开短会和压缩公文是创造性行为，其实不然。事实上我们仍然没有找到一条最好的解决问题的途径。我们制定开短会的规则，提出削减公文的措施，同时我们也丧失了创造更好的规则和措施的机会。

幽默可以使我们不失掉这些机会，至少是不会全部失掉这些机会。

有人要求爱因斯坦解释他的相对论。当时，相对论还鲜为人知，爱因斯坦很为人们的漠视而苦恼。于是他这么回答：

"如果你和漂亮的女孩子在一起坐了一个小时，感觉上好像才过了一分钟；如果你坐在热炉子旁边一分钟，就好像过了一个多小时，那么，这就是相对论！"

没有解释艰深的理论，没有诉说创造过程中的种种困难，但是他以极易通俗的话来表达他的伟大发现。这句话本身就创造了一个让人们对相对论产生兴趣的契机。

从这个意义上说，幽默是构成人的活力的重要部分，也是产生创造力的源泉之一。

6. 幽默的人容易接近

俗话说：在家靠父母，出门靠朋友。能够多交一些朋友，常与朋友交谈、聊天，就会心胸开阔，信息灵通，心情开朗；也能取人之长，补己之短。遇到烦恼的事情，朋友可以安慰你；遇到什么难题，朋友可以帮你出主意；有什么苦衷，也可以向朋友倾诉一番；遇到什么喜事和值得高兴的事，可以和朋友说说，分享快乐。

在拥挤的公交车上，即使身体互相挤压，人们之间一般也无话可说。可是有这么一个人他突然就耐不住寂寞了，他说道："喂，各位，大家都吸一口气，缩小些体积，我挤得受不了啦，快成照片了！"大家就一起笑起来。

陌生人之间都变得亲近起来，交流便由此开始了。

要找到志同道合的朋友并不是一件容易的事情。交友难，其实难就难在交友的方法上，幽默交友不失为一种有效的方法。陌生的朋友见面，如果幽默一点，气氛将变得活跃，交流会更顺畅。

著名国画大师张大千与著名京剧艺术大师梅兰芳神交已久，相互敬慕。在一次张大千举行的送行宴会上，张大千向梅兰芳敬酒，出其不意地说："梅先生，您是君子，我是小人，我先敬您一杯！"

众人先是一愣，梅兰芳也不解其意，忙问："此语做何解释？"

张大千朗声答道："您是君子——动口；我是小人——动手！"

张大千机智幽默，一语双关，引来满堂喝彩，梅兰芳更是乐不可支，把酒一饮而尽。

大多数人都有广交朋友的心，苦的是没有行之有效的方法，如果我们能像张大千一样，注意感受生活，勤于思考，有一天我们也会变得和他一样幽默风趣，到那时候，对我们来说世界就不再是陌生的了，因为陌生人也会乐意成为我们的朋友。

两辆轿车在狭窄的小巷中相遇。车停了下来，两位司机谁也不准备给对方让道。

对峙了一会儿，其中一个拿出一本厚厚的小说看了起来，另一个见了，探出头来高声喊道："喂，老兄，看完后借我看看啊！"

逗得看书的司机哈哈大笑，主动倒车让路。另一个司机则在车开过了小巷之后主动与看书的司机交换了名片，并真的向他借书看。

两人的家离的本就不远，后来两人就成了很好的朋友。

上面故事中向人借书看的那位司机真是将幽默的交友艺术发挥到了极致，因为本来用幽默的话语将矛盾的热度降低到零点，把车开出小巷之后就已经达到了目的，他却没有就此停止，而是通过进一步的幽默将两人发展成朋友关系。所以，当我们与陌生人发生冲突的时候，如果能幽默一点，大度一点，矛盾应该可以化解，敌意也能变成友谊。

朋友间的幽默，方式很多，只要"幽"得开心，"默"得可乐就可以了。

法国作家小仲马有个朋友的剧本上演了，朋友邀小仲马同去观看。小仲马坐在最前面，总是回头数："一个，两个，三个……"

"你在干什么？"朋友问。

"我在替你数打瞌睡的人。"小仲马风趣地说。

后来，小仲马的《茶花女》公演了。他便邀朋友同来看自己剧本的演出。这次，那个朋友也回过头来找打瞌睡的人，好不容易终于也找到一个，说："今晚也有人打瞌睡呀！"

小仲马看了看打瞌睡的人，说："你不认识这个人吗？他是上一次看你的戏睡着的，至今还没醒呢！"

小仲马与朋友之间的幽默是建立在一种真诚的友谊的基础之上的，丢掉虚假的客套更能增进朋友之间的友谊。可见，交朋友要以诚为本。朋友之间要以诚相待，互相关心，互相尊重，互相帮助，互相理解。爱人者人恒爱之；敬人者人恒敬。关心别人，才会得到别人的关心；尊重别人，才会得到别人的尊重；帮助别人，才会得到别人的帮助；理解别人，才能得到别人的理解。

掌握了幽默的交友技巧，我们的朋友就会遍布天下，陌生人会变成新朋友，更多的新朋友将变成老朋友。面对老朋友，我们将是没有隔膜，无话不谈了：过去的趣事、将来的打算、工作中的得意、家庭里的烦恼都可和朋友一起分享。

7. 幽默在闲暇交谈中尽显个人风采

闲暇交谈，是指完全为了消遣、娱乐所进行的交谈。交流的双方或多方能在轻松交谈中密切相互之间的关系，因其谈话氛围比较轻松，谈话过程中最适合也最容易融入幽默成分。闲暇交谈中可以充分利用重复、夸张、错置等各种幽默手段，尽显个人幽默风采。只是在和长辈、异性进行闲暇交谈时，要注意礼节和分寸，不要损及对方的尊严。

科学家、政治家等往往会给人一种理性刻板的印象，不过实际上，他们也往往是和蔼可亲的，在他们的言谈中，闲暇交谈的幽默俯拾即是。

著名科学家爱因斯坦风趣幽默。一次，由他证婚的一对年轻夫妇带着小儿子来看他。孩子刚看了爱因斯坦一眼就号啕大哭起来，弄得这对夫妇很尴尬。幽默的爱因斯坦却摸着孩子的头高兴地说："你是第一个肯当面说出你对我的印象的人。"

在晚辈来做客的轻松气氛下，爱因斯坦幽默的言谈并没有损及他自己的面子，反而活跃了气氛，使来看望他的这对夫妇能在一种轻松自然的气氛中和他交流，融洽了主客双方的关系。

一般情况下，在两个十分要好的朋友之间的闲暇交谈，运用语言善意地捉弄对方的方式较为司空见惯。比如朋友弄了个不伦不类的发型，你可以说："妙哉，此头誉满全球，对外出口，实行三包，欢迎订购。"下面是一段朋友间的幽默对话，

一个男人对一个刚刚相遇的朋友说："我结婚了。"

"那我得祝贺你。"朋友说。

"可是又离婚了。"

"那我更要祝贺你了。"

朋友间往往无话不谈，因此能够产生幽默的话题也很多。如朋友普通话不好，把"峨眉山"读作"峨毛山"，你就可反复"峨毛山"。夸大朋友的错话也极幽默，朋友错把黄鹤楼说成在湖南，你可说："不，在越南！"朋友之间的闲暇交谈，有时候会用说大话的方式进行，这种方式也能产生很好的幽默效果。

一天晚上，小明和弟弟没事干，便吹起了牛。

小明说："我发现我现在有恐高症，都不敢低头看自己的脚！我也真是太高了。"

弟弟说："那算啥！今天我在外面坐着看书，突然有一架飞机从我耳边飞过，我一看，原来是一架波音777。"

夫妻间的交谈大多数属于闲暇交谈，即使是商讨某些事情，他们的交谈也往往带有娱乐性。此类交谈可以夹杂些幽默以调节气氛。

一位丈夫要到广东出差半年，妻子半开玩笑地对他说："你到了那个花花世界，说不定会看上别的女人呢！"

丈夫笑了，幽默地说："你瞧瞧我这副尊容，猪腰子脸、罗圈腿、小眼睛、大鼻子、扇风耳，走到人家面前，怕是人家看都不看一眼呢。"

说得妻子扑哧一笑。

丈夫轻松随意的自嘲，隐含着让妻子放心的意思。这比一本正经地发誓，更富有诗意和情趣。

幽默的闲暇交谈，能营造出更加轻松随和的谈话气氛，促进交谈者推心置腹地进行交流。

第三章　幽默让你的智慧闪光

相声让人在放松中开怀地笑，喜剧让人在欣赏中会心地笑，幽默却让人在思考中含蓄地笑。幽默是人生智慧的精灵，有趣只是机智幽默的附属品。没有哲理的渗透，没有思想的火花，再有趣的语言，最多只能算是逗乐、搞笑，绝称不上幽默的智慧。

1. 幽默是思想与现实擦出的智慧火花

幽默给辩才们增添了灵气，智慧的火花不断在他们的辩词中闪光。如果说，论辩是双方拼死相争的一座奇绝险峰，那么，幽默就是雄辩用来占领峰巅的一枝飘逸秀美的奇葩。它使雄辩充满诗意的力度。

在一次题为"走向二〇〇〇年电视辩论赛"的角逐中，辩论双方在论辩中妙语连珠，例如：

"公共汽车一进站，不论男女老少，各个是气运丹田，左右开弓，南拳北脚，各显神通。"

"过去，老式缝纫机一架，傻笨自行车一辆，再加上个能听'样板戏'的匣子，足以令普通中国人心醉得想跳曲'忠字舞'"。

风趣幽默在论辩中不仅不会弱化谈锋，而且能增强语言的表达力度，使它更准确、明了，具有一定深度，给听众"四两拨千斤"的感觉。

通常认为，口头辩论具有"三要素"：语言的简洁性、时间的紧促性、反应的灵敏性，而它们都与幽默分不开。

在美国洛杉矶举行的一次中美作家会议上，美国诗人艾伦·金斯伯格给我国著名小说家蒋子龙出了一个难题："把一只二点五公斤重的鸡，装进一个只能装半公斤的瓶子里，您用什么法子把它取出来？"

蒋子龙当即回答说："您怎么放进去，我就怎么拿出来。显然，您凭嘴一说就把鸡装进了瓶子，那么我只能用语言工具再把鸡拿出来。"

幽默不仅能调节论辩的气氛，减少紧张与压力，增强你说话的精炼与机敏，而且能径直揭示问题的实质，置对手于被动的地位。

2. 幽默能加强你的应变能力

在生活中，我们会遇到各种不同的状况，如果把握不住自己的方向，不停地改变，不但浪费时间，还往往令自己疲于奔命，陷入困境。如果坚持自己的观点和想法，以不变应万变，不但能省掉许多麻烦和困扰，还能使自己领悟到生活的真谛。

在人际交往中，如果也采用这种以不变应万变的方法，不但可以处理各式各样的问题，还能产生出奇制胜的幽默效果。我们来看下面的这个故事：

有一次，马克·吐温回答记者提问，说了一句令人惊奇的话："美国国会中有些议员是婊子养的。"

国会议员们大为震怒，纷纷要求马克·吐温道歉，否则将诉诸法律。

几天后马克·吐温的道歉声明果然登了出来："日前本人在酒席中说有些国会议员是婊子养的。事后有人向我大兴问罪之师；经我再三考虑，我深悔此言不妥，特登报声明，把我的话修正如下：'美国国会中有些议员不是婊子养的'。"

表面上马克·吐温对议员们进行了妥协，而实际上在似变未变中，攻击的锋芒更胜上回，幽默气氛也由此而生。我们再看看发生在爱因斯坦身上的一个幽默故事：

爱因斯坦初到纽约，在大街上遇见一个朋友。这位朋友见他穿着一件旧大衣，就劝他更换一件新的。爱因斯坦回答说："没有什么关系，在纽约谁也不认识我。"

后来，爱因斯坦名声大振，他仍然穿着那件旧大衣。这位朋友再次劝他去买一件新的，爱因斯坦则说："何必呢，现在，这里每一个人都认识我了。"

爱因斯坦以不变应万变，运用幽默的智慧，既表现了甘于淡泊、不重衣着的俭朴精神，也表达出他愉快畅达的乐观情怀。爱因斯坦是世界瞩目的科学家，能取得巨大的成就，思想境界自然很高，可很多时候普通人也能看透事情的本质的。请看下面这段农夫和地主的对话：

从前，有个农夫很有骨气，从不肯讨好地主。

地主问他："你为什么不奉承我呢？"

农夫答："你有钱是你的，又不肯白送给我，我为啥要奉承你？"

地主说："那好！我把钱送四分之一给你，怎么样？"

农夫说："这不够公平，我还是不奉承你。"

地主说："那么，分一半给你，总该奉承我了吧？"

农夫答："那时我和你一样有钱，我为什么要奉承你？"

地主说："那么，我把家当全给你，总可以奉承我了吧。"

农夫说："到那时候，我是富人，你是穷人，更用不着奉承你了。"

这农夫坚持自己的原则，万变不离其宗，既愚弄了地主，也显示了自己是有骨气的。

对于普通人来说，要生存下去就往往要很努力地工作，可是在我们工作的时候，我们有没有思考过自己最终追求的是什么，下面这个山里人的故事或许能帮你看到生活的另一面。

一个山里人在树下自由自在地休息，商人走过来对他说："嗨，你为什么不上山砍柴？"

山里人说："砍柴干什么？"

商人答："好卖钱啊。卖到钱你就可以买头毛驴，再挨家挨户地卖柴火。挣了钱你就再买辆卡车，然后买木材做木器，再卖木器，挣了钱再买更多的卡车，那样你就可以发大财了。"

山里人问："发财干什么？"

商人答："发了财，你就可以逍遥自在地享清福嘛。"

山里人说："那你觉得我现在在干什么呢？"

生活的本质是什么？我们只有从生活的实践中去体会，去总结。我们不知道山里人所看到的是不是生活的本质，可是山里人冷静的态度和他那以不变应万变的幽默言语一定能促使我们更加深刻地感悟生命，思考生活。

3. 施展大智若愚式的幽默

幽默还有一个显著的特点，就是大智若愚。无论多么充满智慧的话语，都会用轻描淡写的态度和故作糊涂的方式表达出来。

有一个小男孩，一向是很机灵的，当然也是调皮捣蛋的。为了解决他身上存在的问题，促使他在学业上取得更大的进步，父母专门请了一个心理医生来帮助他。

在谈话的过程中，心理医生提出了一个问题，以考察他的知识面宽不宽。心理医生问："你说说看，《战争与和平》是谁的作品？"

小男孩慢条斯理地回答说："我不可能知道的，我才这么一点年纪，怎么会去读托尔斯泰的书呢？"

小男孩的回答就是典型的大智若愚，他坦承自己不可能知道，但事实上他却已经把这个问题的答案准确地回答了出来。

可见，幽默本身就是一种智慧，一种创造，一种优美、健康的品质，一种超凡脱俗、宽容大度的性格。我们要想得到幽默感，有时候就需要使自己变得"糊涂"起来。

（1）模仿孩子的思维方式

童言无忌，孩子们说出的话是天真的、幼稚的，反映了他们对客观世界的真实认识。虽说他们的认识比较肤浅，往往停留在事物的表面，但由于他们的思想中没有大人过多的忌讳，脱离了大人的固有思维模式，因此常常能够说出一些妙趣横生的话来，逗得我们大笑不止。

父亲带着孩子去划船，船漏水了，父亲一筹莫展。

孩子问爸爸："爸爸，你怎么不高兴啊？"

父亲说："船头漏了那么大个洞，水一个劲地往船里流，我怎么高兴得起来呢？"

孩子说："这有什么难办的呢？再在船尾凿个洞，水不就从那里流走了吗？"

在船面临沉没危险的时刻，孩子丝毫意识不到事情的严重性，仍旧保持着惯有的思维方式。而他提出的办法又是多么的可笑啊，如果不是事出紧急，父亲也一定会被他逗得开怀大笑的。

孩子的思维往往出其不意，是因为在他们的思维模式中，还加入了较多的想象成分，他们乐于按照他们自己的想法，去解释自己看到的一切事物，因此就造成了幽默的效果。虽说孩子的这种幽默是无意形成的，但却给我们有益的启示：我们只要模仿孩子的思维方式，不就可以轻易地达到幽默的目的了吗？

（2）有意掩藏自己的智慧

虚荣心很强的人唯恐别人不知道自己的高人一等，总要夸夸其谈，把自己吹得天花乱坠，结果他们在世人的心中，却轻如鸿毛。幽默感很强的人却往往把自己智慧的光芒掩盖起来，以一副愚蠢的面目出现在大家面前，有时还要故意说些傻话，逗得大家前仰后合，但却没人会以为他们是十足的傻瓜，相反大家都会为他们的智慧所倾倒。

有一次，一位外国使者前来拜见美国总统林肯，看见他正在细心地擦着自己的靴子。

这个使者非常惊讶，不由得发自内心地赞扬道："啊，总统先生，您太伟大了，您总是亲自擦自己的靴子吗？"

"不错，"林肯笑着回答："那么，你平时都是擦谁的靴子呢？"

表面上看，林肯的回答是愚蠢的，他怎能不知道，对方的问话是什么含义呢？但他却故意在"擦自己的靴子"与"擦谁的靴子"上装糊涂，给对方来了个机智的幽默。

把自己的智慧掩盖起来，故意对相当明显的事实视而不见，让自己的思维在看似愚蠢的地方寻找突破点，说出的话就会很有情趣，让人忍俊不禁。

故作糊涂，并不是真的糊涂。明明聪明过人，却故意掩藏起来，以一副愚者的面貌出现，正是高度智慧的表现。我们常说这样一句俗话："一瓶水不响，半瓶水晃荡"，褒扬是一种谦虚的美德。大智若愚的幽默思维也恰恰展现了这种美德，因此从这个意义上说，幽默也是一种高贵的美德，需要我们在运用的过程中，把高尚的人品完全展现出来。

（3）傻言傻语，妙趣无限

有意抛弃我们固有的理智思维模式，而采取幼稚的、愚蠢的、让人不可思议的思维模式，说出一些傻言傻语，带来妙趣无限的幽默语言。

能够做到这一点的人，胸怀必定宽广，他们不会为了一时一事的得失而斤斤计较，也不会为了虚名、钱财、权势而四处钻营，他们心态平和、淡然处世，时刻保持一颗金子般的童心，以纯真的心灵来面对这个物欲横流的社会，用故作糊涂的傻言傻语，给大家带来欢乐，给社会带来纯净。

罗西尼是意大利的著名作曲家，在国内拥有大批热情的追随者。有一次，他听说那些富有的追随者准备集资为他塑一座雕像，他很是反感。特别是当他知道塑像的钱竟达到 1000 万法郎之巨时，他惊呼道："天啊，1000 万法郎！如果他们肯给我 500 法郎，我情愿亲自站在雕像的底座上！"

在这里，罗西尼是爱钱吗？不是的，如果他需要钱，他的那些追随者会把大量的金钱给他送来。他用这样的傻言傻语，所要表达的是对用巨资给他塑像的不满，他认为完全没有这个必要，才用这种方式表示了反对。

在故作愚蠢的背后，表现的是一种超常的幽默思维和过人的高超智慧。这种思维模式在几乎所有的幽默语言中都得到了一再的运用，为我们的生活增添了无限情趣。

4. 幽默是机智和才能的完美组合

梁实秋先生说过："没有机智的人，不可能表现出高度的幽默。"

"机"是思维快速的反应，幽默往往要在最恰当的时机灿然出现，才能给人灵光一闪之感，所以需要抓住"第一时间"的反应。"智"则是智慧。真正高级的幽默，往往不是直接切入主题，因为幽默多少带着几分戏谑，如果太直接，难免尖刻伤人，所以要绕个弯子，迂回表达自己的意见，那绕弯子就非智慧不能达到了。

梁实秋教授就善于幽默，他曾说："我从来不相信儿童是未来世界的主人翁，（一顿）因为我处处看见他们在做现在世界的主人翁！"

深得梁先生这种幽默的真谛，一位著名小提琴家与高中学生座谈，在学生发问告一段落之后，小提琴家说："刚才有些问题问得很好，但是有些问题……"他停顿了一下，学生都紧张起来，以为他要批评问得不好。就在这一刻，小提琴家继续了下面的话："简直是好极了！"赢得一片欢呼。

这些都是将听众先引向错误的导向，而后，语锋突转，达到幽默的效果。有时，幽默也可用来反击，即以隐喻迂回的方式来劝谏人。

某电视台的摄影记者因为机器突然故障，不得不用一架家用的小相机应急。不料那被采访者的家属竟然带着几分嘲笑地说："早知道您用这种小机器，我就自己拍好送给你！"

摄影记者回头一笑："这也就是为什么要我来拍的道理！"

他这句话真可以说是既幽默而又含蓄地给予了还击，意思是："你拍的毕竟不是我拍的，机器相同，拍出来的可不一样啊！"更深一层的意思，则是："就是因为不敢用你老兄拍出的烂东西，所以还得我这位专家出马！"

如果他真将这一大段话讲出来，难免造成正面的冲突，所以那淡淡短短的一句，学问是大极了！

"淡淡地"，这正是幽默的最高境界，如同会说笑话的人，往往自己面无表情、毫无笑意，却冷不防地说出叫人前仰后合的话。

有一个人在竞选对手诘问："你一无所长，到底有哪样比我强？"时，只是淡淡一笑："我实在跟阁下差不多，阁下的优点，我全有！我的缺点，阁下也都具备！"

这句话，若不是聪明人，还真难会意。它的妙处是表示："我的优点，等于或大于阁下！阁下的缺点，等于或大于我！"

当然这种反转式的句法，也不尽然用在攻击。

在金钟奖的颁奖典礼上，某电视公司的得奖人，在致词时说：

"过去我以公司为荣，但是今天（顿一下）公司要以我为荣！"顿时引得满场热烈的掌声。

他这句话的妙处，不仅在于句子的反转，更在于其中的停顿，引起听众预期的心理，甚至使人有错误的预期，然后峰回路转，一语惊人！

梁实秋先生还经常讲述西方一个非常著名的幽默例子：

法国大文豪伏尔泰总是赞扬另一位作家，但是对方却一个劲地批评伏尔泰不好。当伏尔泰听说时，只是淡淡一笑："真的吗？相信我们双方都错了！"

不过几个字，全然改变了形势，实在是令人拍案叫绝。

还有这样一个笑话，某男士骂某女士为狗，被告进了法院，法官判决被告应向原告当庭道歉，被告回问："我称女士为狗，是犯了法，但是如果称狗为女士行不行呢？"

法官想了一下："行！"

接着被告就对那原告深深一鞠躬，说："对不起！女士！"

西方政界领袖和社会名流很重视自己有无幽默才能，他们认为幽默是智慧、才能、学识和教养的象征，是自我表现、取悦于民的极好手法。为了总统竞选、当众论辩、演讲致词，社会交往等活动，必须要充分显示自己的幽默感。一句得体的俏皮话，立刻就会让你和听众之间的距离缩短，获得好感；几句对付难题的机智问答，不但会使自己一下子摆脱困境，还会体现美好的自我形象，获得人们的同情和赞美。所以，在许多国家不仅总统有幽默顾问，而且社会各界还创办各种新奇的报刊、活动和组织，如幽默杂志、幽默协会、幽默俱乐部、笑话公司、设有开心护士的幽默诊所等等，人们借此消除疲倦，增进健康，松弛绷紧的心弦，开展社会交往活动。

如今，随着改革开放、社会转型，有趣有益的各种幽默活动大受欢迎，幽默书籍也正畅销，喜剧小品令人喜闻乐见。有的城市曾举办笑话大奖赛，有的地区出现了"笑林公司"……笑吧，让我们都幽默一些吧。没有幽默和欢笑，世界将不可想象，生活也将变得平淡乏味。

5. 幽默要具备超然一切的态度

幽默要从超然的态度对待社会，对待人生，它能够平息人生风波，帮助我们与他人建立和谐的关系，并使我们达到人生的目标。

在这个世界上，我们都挑着不同的人生重担，走着不同的人生道路，同时，我们的人生观指导着我们以不同的方式来看待人生. 看待我们身上的重担，看待我们所认识、所遭遇的每一个人和每一件事，并看清我们自己是什么样的人，在生活中扮演什么样的角色，如果要从中寻找出一个正确的、固定的模式，那便是以微笑面对困难重重的人生，以超然的态度对待人和事，荣辱不惊，贫富不移。

在生活中人们遇到的困难很多，常常在窘境中挣扎，常常为频繁的失意蹉跎，有时也会因打击而垮掉，从实际情况来说，没有任何方法能够挽救自己，只有我们的勇气、信心和智慧，才是可靠的根本性力量。

为了能与别人达到良好的沟通效果，使双方的关系更加融洽，使沟通的气氛更加活跃，有些人往往会以自己的缺陷自我嘲笑自己，博得大家一笑，既活跃了气氛，又加深了关系，往往很多矛盾，很多难办的事情都会迎刃而解。

笑自己的长相，或笑自己做得不太漂亮的事情，会使你变得较有人性。如果你碰巧长得英俊或美丽，那就要感谢上帝的赏赐。同时也不妨让人轻松一下，试着找找自己的缺点。

如果你的特点、能力或成就可能引起他人的妒忌或畏惧，那就要设法去改变这些不好的看法。例如你说一句妙语：

"世界上没有一个完美的人，我就是最好的例子。"

你以取笑自己来和他人一起笑，这会帮助他人喜欢你，尊敬你，甚至钦佩你。因为你的幽默向人证明了你具有善良大方的品质。

一位外国朋友不知道中国人的"哪里！哪里！"是自谦词。一次他参加一对年轻华侨的婚礼时，很有礼貌地赞美新娘非常漂亮，一旁的新郎代新娘说了声："哪里！哪里！"不料，这位朋友却吓了一大跳！想不到笼统地赞美，中国人还不过瘾，还需举例说明，于是便用生硬的中国话说："头发、眉毛、眼睛、耳朵、鼻子、嘴都漂亮！"结果引起全场哄堂大笑。

幽默要有超然一切的态度，唯有心灵空灵，精神不被外物和欲望所累的人，才能真正幽默起来，才能真正快乐起来。

6. 幽默是智慧的另一种表现

一位哲人说过：幽默是我们最亲爱的伙伴。我们的生活需要幽默，我们的人生需要幽默，一个健全的社会更不能没有幽默。没有了幽默，生活将会变得单调而缺乏色彩，岁月将会变得枯寂、干涸。幽默给予我们的是源源不断的甘泉，它滋养着我们的心灵，润饰着我们的生活。它使我们在黑暗中看到光明，在绝境中看到希望，它是寒冬里的一盆炉火，它是窘迫时的一个笑容……幽默美妙而又神奇。

幽默感是一种能力，一种与人沟通的能力。

幽默是一种艺术，一种运用幽默感来增进你与他人关系的艺术。

幽默以善意的微笑代替抱怨，使你的生活变得更有意义。

幽默可以帮助你减轻人生的各种压力，摆脱困境。

幽默也能帮助你战胜烦恼，振奋精神，转败为胜。

当你把你的幽默作为礼物赠与他人时，你会得到相应的甚至更多的回报。

希腊哲人亚里士多德关于幽默的见解很值得我们品味。他说："幽默绝不轻易消灭自己的对象，而是力图消灭它的缺点，使其日臻完善。幽默的对象是指那些本质美好，却又并不完美的事物。当一种社会现象的总趋势是积极的、进步的，但又存有某些缺点或陈腐的东西时，我们便采用这种略带嘲讽的口吻，幽默地肯定事物的本质，肯定其基本与主要的方面，清除那些陈腐的东西以及偶尔沾染的恶习，使其有益于社会价值的东西充分地显示出来。"

幽默是智慧的产物，如果把幽默比拟成一个美女，她应该是内涵丰富、艳若桃花、气质如兰的，她应当能给人带来愉悦的享受。幽默比滑稽更有气质，也更加耐人寻味。幽默之美表现在三个方面：

幽默之美，首先在于一种喜剧精神。我们说幽默具有喜剧精神，并不是说要将幽默看成一种喜剧。幽默本身是独立的，它自成体系。幽默中的喜剧精神是就它和喜剧一样能使人愉快这一点而言。喜剧未必是幽默的，如：

卓别林的第一个喜剧的场景是这样的：他走进了休息室绊倒在一位老太太的脚上。他转身向她抬了抬他的帽子，表示道歉；接着，刚扭过身，又绊倒在一个痰盂上，于是又转过身去向痰盂抬了抬他的帽子。

从喜剧精神方面来说，与上述略带闹剧色彩和滑稽习气的喜剧相比，幽默应该用感官触角引起人们的想象，从而使人产生生理和心理上合二为一的美感。

幽默之美，其次在一种意境。表达者通过自己的精心安排，诱导欣赏者经过前因后果的推理、联想，最终产生一种心理愉悦。下面这则幽默很能表现意境之美：

有人问前世界轻量级拳击冠军琼·瓦特："你愿意写什么样的墓志铭？"琼·瓦特笑着回答："你爱数多少下就数多少下吧！反正我这次是起不来了。"

体育竞技是人类挑战生理极限的运动，利用它为素材来制造幽默，能给人以美的联想。

幽默之美又是含蓄之美。林雨堂说："幽默愈幽愈默而愈妙。"

拿喝茶来说。在最好的茶的品类里，无论是西湖龙井，还是铁观音、碧螺春，都是刚喝的时候好像不觉得有什么特别的好味道，静默几分钟后才品味出茶中"只可意会，不可言传"的妙处。若有人因为铁观音的味道不太强烈，先加牛奶再加白糖，那只能说他不会喝铁观音。幽默也是雅俗不同，愈幽而愈雅，愈默而愈俗。幽默虽然不必都是隽永典雅，然而从艺术的角度来说，自然是隽永的比显露的更好。幽默固然可以使人隽然而笑，失声哈哈大笑，甚至于"喷饭""捧腹"而笑，而最值得欣赏的幽默，却是能够使人嘴角轻轻上扬的微笑。

在前苏联流传着一则《三个囚犯的对话》的小幽默：

甲问乙："你究竟干了什么事，被抓到监狱来了？"

乙回答说："因为我在 1953 年骂了伊万诺维奇。"

乙又问甲："你为什么也被关到监狱来了？"

甲恨声答道："和你一样，也是因为骂了伊万诺维奇；不过，我是在 1963 年。"

他们两人同时问丙："你是因为什么被关在这里的呢？"

丙凄惨地笑了笑："你们虽然不认识我，但你们早就听说过我，我就是伊万诺维奇，我是 1973 年被关进来的。"

这个幽默直接将人们带到可怕而丑恶的现实面前。看完之后，不禁会在心里骂一句"活该，害人者终害自己"。紧绷的神经随之松快下来，不禁因意会而微笑。

7. 幽默展现突破常规的思维

幽默的思维最首要的一点就是突破常规，把不相干的几件事物硬拉到一起，制造出很强的反差，使人忍俊不禁，不笑都不行。

古往今来，类似这样突破常规的联想比比皆是，比如东施效颦、南辕北辙、郑人买履、买椟还珠、画蛇添足、掩耳盗铃、揠苗助长、刻舟求剑、守株待兔、邯郸学步之类的寓言故事，早已为我们所熟悉，不仅引发了我们由衷的欢笑，而且还给我们深刻的启示。

为什么能达到这样的效果呢？原因很简单，就在于它们的思维突破常规，违背了生活的常理，制造了强烈的反差。

大量的幽默都是这样创作出来的。如果我们拘泥于现实，不会、不敢做突破常规的大胆的联想。那么我们说出的话必定是沉闷的、乏味的，只是对眼前事物的客观描述。只有让自己的思维突破常规、别出心裁，才能出人意料地把互不关联的事物并列在一起，在与现实的强烈对比中让人笑出声来。

（1）把不同的事物巧妙地拿来对比

事物之间的差异是客观存在的，但有些事物之间的差异会小一些，有些事物之间的差异会大一些，尤其是那些缺乏必然联系、不具备相同特征的事物之间的差异就更加显著。如果我们能把具有显著差异的事物拿来进行对比，幽默的效果就会非常强烈。

幽默的思维正是看准了这一特性，故意进行一些令我们难以想象的对比，把巧妙联想的功能发挥到了极致。

张三和李四去看球赛，张三突然想到了一个问题，就问李四："足球和水球都要守球门，你说哪个球门更难守些?"

李四微微一笑，回答说："依我看，哪种球门没有后门哪种球门更难守。"

守球门和走后门是完全不同的两件事，李四巧妙地把它们硬拉到了一起，进行了对比，并得出了结论，令我们不由得笑出来，同时又有力地抨击了走后门之类的不正之风，给手握实权的人敲响了警钟。

这就是典型的幽默思维，看似答非所问，实则有力地突破了眼前的现实，把话题引到毫不相干的地方，从而制造幽默的效果。

（2）多侧面、多角度地思考问题

站在一个固定的立场上，我们看到的事物就是一成不变的。我们看到的，别人也能看到；我们要说的话，别人也已经想到了，幽默就无从谈起。

要想使自己的思维突破常规，达到幽默所要求的高度，我们就必须做到从多个侧面、多个角度去思考问题。只有这样，我们的思路才会开阔，思维才会活跃，才能把眼前的事物换个角度、换个立场来讲述，给人以耳目一新之感，幽默才有产生的可能。

有一个乡下人进了城，遇到了一个妄自尊大的城里人。城里人就想把乡下人奚落一番，于是就故意问道："老乡，请问你有几个令尊?"

乡下人明知对方在戏弄自己，却故意反问："令尊是什么?"

城里人得意了，这个乡下人果然好糊弄，于是就想进一步戏弄他，说："令尊就是儿子的意思啊。"

乡下人毫不迟疑地接上他的话说："噢，我明白了，那么请问您有几个令尊?"

城里人没想到乡下人竟问出这样的话来，一时间竟不知如何回答。乡下人见状，故意做出关心的样子，安慰他说："原来您竟没有儿子。

我倒是有两个儿子，可以把其中的一个过继给您当令尊，您意下如何?"

城里人窘得面红耳赤，只好狼狈地溜走了。

乡下人在城里人的挑衅面前，没有恼羞成怒，没有畏缩退避，而是开动脑筋，从另一个角度找到了反击的办法，用幽默的语言使城里人知难而退，有力地维护了自己的尊严。

（3）采取荒谬的逻辑

按照我们日常生活的正常逻辑，一就是一，二就是二，鲜花就是鲜花，臭虫就是臭虫。但幽默偏偏要否定眼前这铁一般的事实，故意采取荒谬的逻辑。

在幽默者看来，一可能不是一，二可能不是二，鲜花可能变成了臭虫，臭虫可能变成了鲜花，令人啼笑皆非，但却具有很强的幽默效果。

幽默大师们把荒谬逻辑有意运用到了自己的幽默中，把不可能的事实当作真实的事情来述说，让人惊异于他们不同凡响的联想，引起了我们的欢笑。

马克·吐温曾经向人描述过一件充满荒诞色彩的事情。据说他有一个孪生兄弟，和他长得完全一样，他们身边的人包括他们的父母都无法把他们分辨清楚。可惜的是，在一次洗澡时，他的那个兄弟不慎淹死了。

由于他们长得太像了，所以就没有人能搞清淹死的究竟是兄弟中的哪一个。

于是马克·吐温就向别人这样讲："大家都认为活下来的那个人是我，但事实恰恰相反。在浴缸里淹死的那个才是我，现在活着的这个人其实是我弟弟。"

这种说法是多么荒唐，马克·吐温故意采取了荒谬的逻辑，一本正经地否认自己在现实中的存在，让人觉得十分好笑。

幽默的思维超出了常规，就往往会发展到荒谬的地步。但必须指出的是，幽默者本人并不荒谬，他们使用这种思维方式，只是为了更好地达到幽默的效果。他们在某些时候表现得强词夺理，正是幽默思维在他们身上的具体体现，我们只会感到欢乐，但却不会认为他们的脑子出了问题。

所以，我们要想获得较强的幽默感，就必须有意识地训练自己的幽默思维，使自己的思路开阔起来，思维活跃起来，在大家都习以为常的事物中发现幽默的因素，来营造更多的欢乐，愉悦我们的身心，美化我们的生活。

第四章　幽默是说服他人的敲门砖

做人的工作，幽默是最好的情感润滑剂。说服中有了幽默，会让艰难的思想工作变得轻松；劝导中有了幽默，会让固执己见的人笑纳意见；谈判中运用幽默，会让剑拔弩张的对手握手言欢。幽默的情感力量的确令人难以拒绝。

1. 幽默的劝导最有效

劝导，在我们工作、生活中随处可见。它犹如一盏明灯，使知识欠缺者增加见闻；它像一座警钟，使濒临深渊者迷途知返；它又好比一副清醒剂，使思想偏激者冷静思考；它更是一座友谊的桥梁，有助于双方的交流和理解。

有位贪吃的太太，每天各种食品不离口，当然导致消化不良。她拖着肥胖的身体去求医，医生问明来由点了点头，她问："开点什么药最好？"医生除了开点助消化的药外，对她说："我把塞万提斯的一剂名药也送给您吧。"胖太太很高兴："太好了，是什么开胃药？"医生说："饥饿是最好的开胃药。"胖太太会意地笑了。

医生用幽默的方式间接地劝导胖太太，避免了涉及与"胖"有关的话题，取得很好的劝导效果。要想劝导成功，除了手中有理之外，还要求方法要正确、巧妙，如巧用幽默、丝丝入扣、娓娓道来，则更能深入人心。

南唐的时候，税收很繁重，京师地区又连年大旱，百姓民不聊生。一次，烈祖在北苑大摆筵席，对群臣说："外地都落了雨，单单京城里不落雨，不知是什么缘故？"申渐高很幽默地说："雨不敢进城来，怕抽税呀！"烈祖不禁大笑起来，随即废除了苛捐杂税。

申渐高言语幽默，将税收过重的害处揭示得淋漓尽致。这对烈祖来说无疑是一副清醒剂，让烈祖在笑声中醒悟过来。幽默地劝导别人，要尽量顺着对方的意思说，使对方领悟到你是自己人，从而乐于听你的话，接受你的观点，劝导取得成功的可能性就更大。

2. 用幽默化解冲突

有时候，人与人之间难免会发生正面的碰撞和冲突。这样的冲突大致可分为两种：无意的冲突和蓄意的挑衅。对这两种不同的情况，我们应该进行有区别的对待。在大多数情况下，冲突是无意中引起的，这时我们就可以用幽默的、与人为善的方式对冒犯者进行温和的批评。

借幽默的友爱之手，我们就能巧妙地化解掉生活中的各种矛盾。从心理根源上来说化解矛盾的关键是养成那种与人为善的友爱的心态。很多的幽默故事都体现了人们对人与人之间友爱的呼唤，让我们看看下面这个幽默故事：

在电影院里，一名年轻男士在摸黑上过厕所后，来到了某座位外端的女士旁边，对她说："刚才我走出去的时候，是不是踩过你的脚？"

坐在最外端的女士很厌烦地回答道："那还用问吗？"

这样，那名年轻男士赶紧说："噢！那就是这排了！真对不起，我有严重的近视……请让我为您擦擦鞋吧……"

女士马上表示没什么，说自己擦就可以了。

从这个幽默故事中我们可以看出，如果你冒犯了别人，对方在乎的可能不是你是否会赔偿他的损失，而是你对自己所做错事的认错态度。所以，当错误在你时，你只要诚实地低下头，用幽默的方式向别人道歉，让对方感受到你表达歉意的一份诚心，相信大多数时候别人也会对你表示友善的谅解。

而且幽默地道歉也要注意时机，一般情况下，正在发脾气的人，由于火气上升，有时候会丧失理性。在这个时候，如果你保持安静，不去惹他，他就可以慢慢地恢复平静。当对方在谩骂不休之时，你千万不要抱薪救火，故意去逗他，你只要保持冷静，不要和他针锋相对地对骂，只有这样他暴怒的火焰才会慢慢熄灭。

3. 谈判中幽默地说服对手

谈判双方刚进入谈判场所时，难免会感到拘谨，尤其是新手，在重要谈判中，心理上往往会忐忑不安。另外，谈判时单刀直入不仅会暴露本方底线，也影响谈判的融洽气氛。因此，在谈判中可以采用迂回入题的方法。

在现代"谈判"中，迂回是一种经常使用的谈判技巧。迂回战术，明似离题，暗实切题，它表达的是弦外之音，它表露的是言外之意。而看准使用迂回战术的时机，并能使用最恰当的方式表情达意，则是这一战术的运用能否奏效的关键。在谈判中，幽默地迂回入题不失为一种好方法。

谈判是一切为达成双边或多边一致的过程，谈判的行为包括其间的语言表达（往往是最容易被忽略，而又往往是非常重要的）或其他行为活动。达成一致的过程事实上就是谈判的双方或多方心理状态趋同的过程。

　　谈判是一件十分严肃的事，双方站在各自的立场，为争取各自的利益努力。但如果你固执地认为，谈判就不可能轻松愉快的进行，那你就走进了一个谈判的误区。如果你总是一副严肃的面孔，以极其认真的态度上来就"言归正传"，没有一点活泼的气氛，谈判场所死气沉沉、闷不可言，总给人一种压抑的感觉。由于双方的意见、观点无法深入交流、不能趋同就会造成暂停、休会的次数很多，而满足双方利益的灵活方案少有建设性的提议，以致无法达成协议。所以，你应该主动去营造良好的谈判气氛。

　　某个警匪电影中有这样一段谈判专家与匪徒的对话：

　　匪徒："你怎么来得这么慢，你们是不是想拖延时间?!"

　　谈判专家嬉笑着说："不好意思，堵车嘛!"

　　轻松愉快的气氛能缓解谈判中的紧张情绪，激发人们的想象力，增进人们的感情。在良好的氛围下，人们更容易被理解、被尊重，也更容易获得支持和关注。反之，沉闷抑郁的环境，很容易滋生猜忌和隔阂。在谈判中，不能营造良好的谈判气氛，就好像机器缺少"润滑剂"一样，给人很别扭的感觉，也就谈不上有效地减少双方心理障碍，给双方沟通增加困难，甚至可能使谈判进展缓慢。我们来看看英国首相丘吉尔是如何营造良好的谈判气氛的：

　　1943 年，英国首相丘吉尔和法国总统戴高乐由于对叙利亚问题的意见存在分歧，两人心存芥蒂。直接原因是戴高乐宣布逮捕布瓦松总督，而此人正是丘吉尔颇为看重的人物。要解决这一件令双方都感棘手的事，只有依靠卓有实效的会晤了。

　　丘吉尔的法语讲得不是很好，但是，戴高乐的英语却讲得相当流利。这一点，是当时戴高乐的随员们以及丘吉尔的大使达夫·库柏早就知道的。

这一天，丘吉尔是这样开场的：他先用法语说道："女士们先去逛市场，戴高乐将军、其他的先生跟我去花园聊天。"然后他用足以让人听清的英语对达夫·库柏说了几句话："我用法语对付得不错吧，是不是？既然戴高乐将军英语说得那么好，他完全可以理解我的法语的。"语音未落，戴高乐及众人听后哄堂大笑。

丘吉尔的这番幽默消除了谈判双方参与人员的紧张情绪，营造了良好的会谈气氛，使谈判在和谐信任中进行下去。在谈判开始后，礼貌问候对方，轻松地引入谈判的话题，讲究策略，有理有节，求同存异，必要时运用一些幽默诙谐的语言，调节一下紧张沉闷的空气，放松一下绷得太紧的心弦，营造轻松愉快的气氛。

谈判双方是一对矛盾的统一体，为达成协议，双方不可能摒弃竞争，也不可能拒绝合作，那么合作就应该有一个良好的合作气氛，这是从谈判一开始就应该考虑并注意的。首先，在谈判开始以前，主动热情地去接触对方，发掘双方的共同点，为谈判打下良好的基础。可以就双方的兴趣爱好，双方曾有过的合作经历或共同认识的朋友，进行交谈，引起双方心灵"共振"的变化。

1972年，中美首脑在北京进行历史性会晤。当毛泽东主席握住尼克松总统的手时，就诙谐地说："我们熟悉的老朋友——蒋介石不赞成这样做。"

4. 含而不露，掩藏锋芒

在生活中，面对他人的错误，我们难免会控制不住自己而加以指责。指责需要幽默，幽默能使指责传达出我们的善意。生活中，当双方发生严重的意见分歧的时候，如果有理的一方能撇开严肃的态度，以幽默的语言对无理一方施加掩藏锋芒的暗示性责备，那就既能正确无误地表达出责备之意，又能达到不伤害别人的目的。因为，对方在受到责备的时候不仅仅会感受到责备的内容，对他们来说责备的形式有时候是更重要的因素，采用幽默的方式将责备之意传达给对方，能给对方一种相对较好的感觉，使对方更容易面对错误，接受谴责。

在一家餐馆里，一位顾客正把米饭里的沙子一粒一粒地拣出来摆放在桌子上。服务员看了不好意思地说："沙子不少吧？"顾客笑笑，点点头说："是啊，不过还是有一点米的。"

上面故事中，顾客没有直接批评米饭的质量不好，而是拿服务员说的"沙子不少吧"大做文章，幽默地说出"饭里除了沙子也有一点米"的意思，通过先肯定后转折的形式来表达了自己对米饭中沙子过多的不满，这样就显得非常的委婉，既责备了饭馆饭菜质量，又不至于引起对方的反感。尽管幽默很多时候会用于揭露弊端、批评错误，但它绝没有锋芒毕露，相反的它总是和颜悦色地指出人们的缺点，让人们在笑声里看到自己或他人的错误，使之顿悟而悔改。

一天，有个调皮的小男孩来到村口的理发店，要求理发师为他刮胡子。

理发师请他在椅子上坐下来，并在他脸上涂了肥皂水，便去跟别人闲聊去了。

那个男孩等得不耐烦了，叫了起来："理发师，你什么时候才替我刮胡子？"

"我在等你的胡子长出来呢！"理发师答应着说。

上面这个故事中，理发师没有直接严厉责备小男孩的胡闹，也没有把他拒之门外，而是运用含而不露的幽默技巧和小男孩开了一个玩笑，使小男孩在幽默轻松的交流中认识到自己的错误。其实在生活中，如果带上一些幽默的色彩，指责也可以表达善意。

5. 大事化小，小事化了

当你在与人分享笑的欢乐，尤其是在取笑自己的失误和弱点时，你同时也向人们证明，不必为生活琐事上的不如意而烦恼。幽默能够帮助你和周围的人们卸下心头的负担，好好地享受生活。因为，幽默能帮助你大事化小、小事化无。

女喜剧演员卡洛·柏妮有一次坐在餐厅里用午餐。这时，一位刁钻古怪的老妇人走向她的餐桌，当着许多人的面用手摸卡洛的脸庞。她的手指滑过卡洛的五官，然后带着歉意说："对不起，我摸不出有多好。"

"省下你的祝福吧！"卡洛说，"我看起来也没有多好看。"

老妇人又仔细看看卡洛的五官，说："不错，是没有多好看。"

这时卡洛笑起来，说："又摸又看的，新的也变旧了。"

在场的人不由得全笑了。

卡洛不愧是喜剧演员，她的神色自若是来自心理上的平衡。

如果我们想在社会生活中给人好印象，就应该像卡洛那样，把自己活泼的生命带进这场合中去。一个面带怒容、缺乏幽默或是神情忧郁的人，是不会比一个面露微笑、看起来健康快乐的人更受人欢迎的。

一个初学乍练的理发师，在顾客的脑袋上划破了好几个口子。每出现一个流血的口子，他就撕一块棉花一捂。

后来，顾客疼痛难忍，便大声嚷道："行啦！我的半个脑袋让你种上了棉花，剩下的地方让我种点亚麻吧！"

如果你面对着来者蓄意挑衅的举动，则应该运用幽默予以回击。我们提倡人与人之间互相友爱、尊重，无疑是正确的，但实际上并不是每个人都能攀上道德修养的理想层次的。

6. 用反问式幽默折服对方

反问，就是针对对方思想、观点中的破绽，提出一个针锋相对的问题，由于这类问题的提出往往出人意料，所以产生了强烈的幽默效果。

在一个休闲沙龙里，一个绅士在高谈阔论，认为凡是流行的都是好的。

"那么，流行感冒呢，先生？"旁边的一位女士问道。

绅士哑口无言。

类似这样的反问幽默很多，而且往往能收到意料之外的奇效。

弗雷德里克·埃德温·史密斯是英国律师和保守派政治家。在就任代理监察长期间，埃德温惹怒了伦敦一个俱乐部的主顾们，因为他不是该俱乐部的成员，却经常在去议院的途中停下来使用俱乐部的卫生设备，这使得对他没有好感的成员十分不快，他们要求管理人员制止这种"掠夺"。

一天，埃德温又若无其事地走进了该俱乐部的卫生间，马上跟进来一个侍者。他提醒埃德温注意该俱乐部有只对内部成员开放的规定。

"噢，"埃德温随口说道，"厕所也是俱乐部吗？"

"厕所也是俱乐部吗？"谁想过这样的问题？但是埃德温想到了，从而不仅制造了幽默，也回击了侍者的责难。由上例来看，反问法往往是后发制人。请看下例。

美国前国务卿基辛格在莫斯科访问过程中，向随行的美国记者介绍美苏关于在限制战略武器四个协定签署会谈情况时提到："苏联生产导弹的产量每年大约是 250 枚。"

记者问："我们的情况怎么样？美国究竟有多少潜艇导弹配置了分导式多弹头？究竟有多少'民兵'导弹配置了分导式多弹头？"

基辛格回答道："我不知道有多少'民兵'导弹配置了分导式多弹头，至于潜艇的数目我是知道的，但我不知道它是不是保密的？"

记者："不是保密的。"

基辛格反问道："不是保密的吗？那请你说是多少呢？"

基辛格的反问，记者能回答上来吗？如能回答上来，记者还要提问干什么？

反问幽默法在反问诘难折服对方时，常常屡见奇效。请看一则俄罗斯的幽默。

乌利和格雷特一起坐火车去莫斯科。列车员看到乌利头上的行李架上有只巨大的木箱子，就对他说："您的这只箱子必须拿去办理托运，如果您不遵守铁路规定，只好请您把这只箱子从窗户扔出去。"

乌利坚决地表示："我不能把这只箱子扔掉，也不会去办理托运。"

他们因此事吵了起来，列车长来了也无济于事。最后只好把乘警叫来。这个警察大声对乌利叫道："要么去办理托运手续，要么从窗户扔出去！"

乌利还是说："不！"

警察发怒道："为什么？"

"因为它不是我的！"

大家都吃了一惊："那么它是谁的呢？"

"是我的朋友格雷特的。"

列车长、警察、列车员一起转过身来，冲着格雷特大叫道："这么半天，你为什么无动于衷？"

格雷特反问道："刚才你们谁问我了？"

大家吵了半天，最后追查到格雷特身上，本来应该由他来承担一切责任，不料格雷特来了一句反问，便把责任推卸得一干二净了！

同样，以反问幽默法折服对方的还有一例。

在上海某地铁车站，有个长发披肩的小伙子在弹吉他。一位警察走过来对他说："这儿不许弹琴，请另选一处吧！"

小伙子说："很好，您准备唱什么？"

警察叫小伙子另找地方去唱。小伙子反问他："您准备唱什么？"从而制造了幽默，警察一高兴放了小伙子。

以反问幽默法反问诘难，后发制人是一种有效的折服对方的方法，并且屡用屡见奇效。

7. 用幽默促人自悟

说出来的话，所表达的意思与字面完全相反，就叫正话反说。如字面上肯定，而意义上否定；或字面上否定，而意义上肯定。这也是产生幽默感的有效方法之一。使用这种方法能够在不直接指明对方错误的基础上，使他们自我反省并认识自己的错误。

有一则宣传戒烟的公益广告，上面完全没提到吸烟的害处，相反的却列举了吸烟的四大好处：一、节省布料：因为吸烟易患肺痨，导致驼背，身体萎缩，所以做衣服就不用那么多布料；二、可以防贼：抽烟的人常患气管炎，通宵咳嗽不止，贼人以为主人未睡，便不敢行窃；三、可防蚊虫：浓烈的烟雾熏得蚊虫受不了，只得远远地避开；四、永葆青春：不等年老便可去世。

这里说的吸烟的四大好处，实际上是吸烟的害处，却正话反说，显得很幽默，让人们从笑声中悟出其真正要说明的道理，即吸烟危害健康。

正话反说的幽默技巧当然不只可以用到广告宣传中，在面对面的交流中，这种幽默技巧也有广泛的使用空间。

原英国首相丘吉尔为了参加演讲，超速开车，以致被一名年轻警员逮住了。"我是丘吉尔首相。"丘吉尔不慌不忙地说。"乱说，你一定是冒牌货！"警官这么一说之后，大英帝国的首相谢罪了。他说："你猜对了！我就是冒牌货！"

这么一来，警官面露微笑，放过了这位世界上著名的伟人。

丘吉尔在一本正经表明身份的时候，被警官怀疑。然后，他就换了一种方式，正话反说，这样反而使警官摸不清虚实，使得警官抱着一种"宁可信其有，不可信其无"的心态放过了他。

当我们需要表达内心的不满时，也可以使用正话反说的幽默技巧，让别人听起来顺耳一些。例如：

杰克和他的恋人想喝咖啡，但端上来的咖啡差不多只有半杯，这时杰克笑嘻嘻地对咖啡店主人说："我有一个办法，保证叫你多卖出三杯咖啡，你只消把杯子倒满。"

杰克巧妙地运用正话反说的幽默来表达失望感，却不致给对方带来难堪。也许杰克并没有喝到满满一杯咖啡，但杰克一定会得到友善、愉快的服务，咖啡店主人或许还会请杰克下次再光临该店。

这种正话反说的幽默技巧不仅被今人广泛使用，其实古人中的智慧者很久以前就已经能够成熟运用这技巧了。

秦朝的优旃是一个有名的幽默人物。有一次，秦始皇要大肆扩建御园，多养珍禽异兽，以供自己围猎享乐。这是一件劳民伤财的事，但大臣们谁也不敢冒死阻止秦始皇。这时能言善辩的优旃挺身而出，他对秦始皇说："好，这个主意很好，多养珍禽异兽，敌人就不敢来了，即使敌人从东方来了，下令麋鹿用角把他们顶回去就足够了。"秦始皇听了不禁破颜而笑，并破例收回了成命。

优旃的话表面上是赞同秦始皇的主意，而实际意思则是说如果按秦始皇的主意办事，国力就会空虚，敌人就会趁机进攻，而麋鹿用角是不可能把他们顶回去的。这样的正话反说，因为字面上赞同了秦始皇，优旃足以保全自己；而真正的含义，又促使秦始皇不得不在笑声中醒悟，从而达到了他的说服目的。

第五章　用幽默助你摆脱尴尬

幽默是摆脱尴尬窘境的妙方。生活常给我们出些难题，既提高我们的智慧，又可以充分地显示我们的人格魅力。学会了幽默，可以巧妙地为自己和他人化解难堪，可以为生活增添更多的笑声，可以让人际关系更加融洽。

1. 让尴尬在幽默中消失

失言，是容易被人谅解的，因为有很多是出于无意的。正所谓"马有漏蹄，人有失言"。在日常交谈中，难免说滑了嘴，出现了纰漏而使自己陷入窘境。

有一个人在一次会议上和一位要人谈话，为了想使谈话活泼轻松，于是很随意地说道："看那一位穿圆点花衣服的女人，看到她我就反胃！"

没想到对方这样说："那是我的太太。"

可想而知，当时那个人听到这话时的处境是多么无地自容。

这也难怪，这样的窘境总是特别地难以补救，但并不是所有的困境都是这样。

果戈理有一句话："理智是最高的才能，但是如果不克制感情，它就不可能获胜。"如果说，我们在遇到尴尬的局面时都是心慌意乱，不能控制自己的感情的话，在这种特殊的场合下自然会穷于应付。这时，我们不妨来个将错就错。

清代著名学者纪晓岚机巧善辩，机智过人。有一次，乾隆想开个玩笑为难纪晓岚，便问他："纪爱卿，忠孝怎么解释？"

纪晓岚答："君要臣死，臣不得不死，为忠。"

乾隆立即说："我以君的身份命你现在去死！"

"这……"纪晓岚没料到他竟然会这么说，"臣领旨！"

"你打算怎样死？"

"跳河。"

"好，去吧！"

但纪晓岚走了一会儿，又跑回来了。

乾隆问："纪爱卿，你怎么没死？"

纪晓岚答："碰到了屈原，他不让我死。"

"此话怎讲？"

"我到河边，正要往下跳时，屈大夫从水里出来，拍着我的肩膀说：'晓岚，这就不对了，想当年楚王是昏君，我不得不死。你应该先问问当今皇上是不是昏君，如果皇上说是，你再死也不迟啊！'"

就凭这一句，不仅抑制了皇帝的"圣旨"，也化解了困境，一场尴尬就在轻松幽默中消失。

2. 用幽默摆脱沉闷的气氛

我们在生活中有可能要去应付不合理的要求、令人不快的行为、或者闹得不像话的场面。这时你如何应对呢？

当百货公司大拍卖，购货的人又推又挤的时候，每个人的脾气都犹如枪弹上膛，一触即发。有一位女士愤愤地对结账小姐说："幸好我没打算在你们这儿找‘礼貌’，在这儿根本找不到。”结账小姐沉默了一会儿，说：“你可不可以让我看看你的样品？”那位女士愣了片刻，笑了。

有人想平息餐桌上的争论，便提出了一个十分意外的问题：“诸位，刚才是一道什么菜？大概是鸡！”

“是的。”一位客人回答。“一定是公鸡！”这人一本正经地说，“原来是鸡在作祟，难怪大家要斗起来。”说完他举起酒杯：“来点灭火剂吧，诸位！”一场餐桌上的舌战顷刻间平息了。

作家欧希金也曾以幽默摆脱了一个困境。他在他的《夫人》一书中，写到了美容产品大王卢宾丝坦女士。后来在一次他自己举行的家宴中，一位客人不断地批评他，说他不应该写这种女人，因为她的祖先烧死了圣女贞德。其他客人都觉得很窘，几度想改变话题，但是都没有成功。谈话越来越令人受不了，最后欧希金自己说：“好吧，那件事总得有个人来做，现在你差不多也要把我烧死。”这句话马上使他从窘境中脱身出来，随后他又加上一句妙语：“作家都是他的人物的奴隶，真是罪该万死！”

作为一个社会人，在与别人交往的过程中，难免会遇到一些尴尬的场合，如果在那种情况下，你能从容地开个玩笑，令人紧张的气氛就可能消失得无影无踪，你的朋友还会被你的魅力所吸引，被你的宽广胸怀所感动，进而钦佩你，真正接受你。

3. 假装糊涂，幽幽默默

莎士比亚在其著作《第十二夜》中，让主人公薇奥拉说出了这样一句话：“因为他很聪明，才能装出糊涂人来。彻底成为糊涂人，要有足够的智慧。"

　　智慧有时就隐藏在假装糊涂的幽默中。在一些特殊的场合，我们常常会碰到一些意想不到的事情，处理不好着实使人尴尬万分。遇到这类情况时，想要化解难堪，不妨假装糊涂，幽默应变。下面是俄国诗人普希金的一个"糊涂"故事：

　　普希金年轻的时候经常参加贵族们在家里举办的沙龙，不过，那时候的他还不是很有名气。有一次，在彼得堡一个公爵家里举办的舞会上，他邀请一位年轻而漂亮的贵族小姐跳舞，这位小姐十分傲慢地说："我不喜欢两个人一起跳舞。"普希金微笑着说："对不起，亲爱的小姐，我不知道你在怀着孩子。"说完，很有礼貌地鞠了一躬。

　　普希金用假装糊涂的办法巧妙地回击了无礼的贵族小姐，使自己体面地下了台。类似上面这种突发情况下的假装糊涂，其实是一种高超的机智应变的手段。我们再看看下面的这位女导演是如何运用这种手段的。

　　一次，拍完电影，演员们都去浴室洗澡了。这时有人给女主角打来紧急电话，导演慌忙去叫。

　　片场一共有三间浴室是给明星专用的，一进门是更衣室，里面才是浴室，如果人在里面洗澡，外面叫是听不到的。

　　导演不知道女主角在哪间浴室，情急之下推开了第一间浴室的门，哪知道却看到男主角光着身子对着门站在喷头下冲洗。

　　男主角的动作停顿了一下，女导演急忙转身，并赶紧把门关上。

　　"哦，对不起，李萍小姐！"

　　导演立即喊出了另一位女明星的名字，室内的男主角也灿然一笑。

　　这位女导演故意以假装看错了人的糊涂做法，既不使男主角感到难堪，更使自己摆脱了尴尬。

　　幽默感的缺乏很多时候是因为我们已经习惯于直截了当的就事论

事，而实际上，如果在出现问题的时候直接向他人道歉或对他人进行反驳，只会使自己更加难堪，适当地装装糊涂，幽默一下，反而能够巧妙地解决问题。假装糊涂的妙处就在于对真、假、虚、实的灵活运用，有时候尽管自己很清醒，还是装作糊涂来迷惑对方，就能巧妙试探出对方的真正意图。

两个陌生人在别人的介绍下约会。小姐问先生："你有奔驰吗？"

先生摇摇头："没有。"

"你有洋房吗？"

"没有。"

小姐讪笑道："那么，看来我们也没有缘分！"

先生无可奈何地起身，自言自语道："难道非要我把宝马换成奔驰，把二百平米的别墅换成洋房吗？"

这位先生的糊涂装得真是有水平，听完这位先生的"自言自语"，小姐一定会后悔自己有眼无珠，同时也会为自己嫌贫爱富的势利心感到无比羞愧。

故作"痴呆"所表现出的幽默是智慧的产物，因为它往往对一些人所共知的或简单易懂的现象作出荒诞的解释或发挥，将人引向另一个不易想到的荒唐的思路上。

你不妨在适当的时候给你的朋友来点糊涂的幽默，你朋友脸红，你可以建议他少吃点苹果；你朋友脸黑，你就建议他少吃点窝头。你越是把不可能的事情凑到一块，就越能显出了你的"痴呆"，你的可笑，你的幽默和你的智慧。

4. 以平常心化解尴尬

平常心是一种超然淡定的心态，在这种心态支配下，幽默的发挥才能恰到好处，也才能把尴尬化解于无形之中。

（1）把意外当成有准备的项目

一次，里根总统在白宫钢琴演奏会上讲话时，夫人南希不小心连人带椅跌落在台下地毯上。观众发出惊叫，但是南希却灵活地爬起来，在200多名宾客的热烈掌声中回到自己的座位上。正在讲话的里根看到夫人并没受伤，便插入一句俏皮话："亲爱的，我告诉过你，只有在我没有获得掌声的时候，你才应这样表演。"台下响起了一片热烈的掌声。

本来这是一件令里根很尴尬的事，在这时如果埋怨或者置之不理都会令人不快，不光是台下的人不快，也包括台上的人。而里根在危难之时，竟用幽默化险为夷，出奇制胜，获得了极佳的效果，显露出他的机智、豁达，拉近了和观众的距离。

（2）假装习以为常

里根和加拿大总理皮埃尔·特鲁多是老乡，因此在美加外交关系上，两位首脑也就没少利用这个优势"求同"。特鲁多曾特意请里根到自己的老家，并以老乡身份盛情款待，宾主不亦乐乎，其乐融融。

在里根以美国总统的身份第一次访问加拿大期间，他自然少不了演说。可加拿大的百姓一点也不欢迎这位新总统，许多举行反美示威的人群不时地打断这位明星总统的台词，特鲁多深感不安。倒是里根洒脱，笑着对陪同的加拿大总理皮埃尔·特鲁多说："这种事情在美国时有发生，我想这些人是特意从美国赶到贵国的，他们想使我有一种宾至如归的感觉。"紧皱双眉的特鲁多顿时眉开眼笑了。

（3）顾左右而言他

一天晚上，玛丽和丈夫、婆母一起去看电影。他们欣赏着电影，这时一段男女在卧室做爱的露骨镜头出现在银幕上。

玛丽极难为情，她想婆婆这时一定会想些什么。

就在这时，她感到一只手在抚摸着自己的手。婆婆眼睛盯着银幕，口里说："多好看的被单，真想知道她是从哪儿买的。"

（4）一笑泯怨愁

在一个宴会上，一位诗人和一位将军坐在一起，他们彼此怀有敌意，将军不喜欢诗人，对他表示冷淡。每当女主人谈起诗的时候，将军就皱起眉头。

宴会进行到一半时，女主人说："我这位诗人朋友现在要为我作一首十四行诗，并且当场朗诵。"

聪明的诗人推辞说："哦，不，好心的太太，还是让我们的将军来发一枚炮弹吧！"那位将军一下子乐了。举起酒杯，提议跟诗人碰一杯。此后，直到宴会结束，将军和诗人都谈得非常投机，两人由此成了好朋友。

相逢一笑泯怨愁。豁达、自然、轻松的幽默方式可使相互之间的矛盾变得缓和，避免出现令人难堪的场面，化解彼此之间的对立情绪，使复杂的人际关系变得和谐。

5. 用幽默化解难堪

在社交场合，由于自己的不慎，有时我们会使自己处于比较难堪的境地；或者我们遇到了缺乏教养的人、不怀好意的人、对我们有敌意的人，致使我们陷入比较难堪的困境。在这种情况下，如果我们抽身而退，固然可以逃离困境，但当了逃兵，总是不光彩的，也会给自己日后的社会交往带来消极的影响。

号称"无冕之王"的记者是非常擅长给名人们制造麻烦的，有许多名人都曾面对过记者的刁钻提问，常有无法下台的烦恼。如果应对不慎，就会使自己的形象大受影响，这是显而易见的，但那些充满智慧和才学的名人们却八仙过海，各显神通，给我们留下了不少风趣的故事，给我们许多启示。

相声大师侯宝林到美国去访问，美国记者自然不会放过他，提出了一个很刁钻的问题，来刁难侯宝林："里根是演员，当了美国总统，你也是演员，你在中国也可以像里根这样吗？"

这个问题可不好回答，既不能答"可以"，也不能答"不可以"，只见侯宝林稍一思索，就回答道："我和里根不一样，他是二流演员。"

侯宝林的回答妙不可言，既回避了做简单的"是"与"否"的回答，又充分肯定了自己的演艺才能，含而不露，令对方无懈可击。

有经验的人告诉我们，遇到这种情况，只有自己才能救自己，用自己的智慧来展示自己的幽默，三言两语就能使自己摆脱困境，维护自己的尊严，给对方以有力的回击，从而也把自己的人格魅力充分展现了出来。

林肯的长相不敢让人恭维，有一次在一个公开场合，有人对林肯说："你长成这个样子，还出来干什么？不如躲在家里别出来。"

这话自然是很不礼貌的，但林肯只是淡淡一笑，回答道："很抱歉，我这是身不由己。"

"身不由己"是就他的长相来说的，天生如此，他也没有办法。大家听了，都笑了起来，难堪的局面就过去了。

类似这样的难堪局面总是突如其来，让人无法提前加以防范，但幽默感强的人却往往能轻松过关，给我们留下了许多逸闻，使我们津津乐道。

有一天，一个社会地位显赫，狂妄自大的太太向萧伯纳发出了请帖，想邀请萧伯纳到家来做客。

请帖是这样写的："星期四下午四点到六点，我将在家。"

萧伯纳对她一向是敬而远之的，绝对不会前去拜访她，于是他在请帖底下添上简短的一行字："我也一样。萧伯纳。"然后就派人将请帖给那位太太送了回去。

不明着拒绝对方的邀请，而是声明自己也将像对方一样待在家里恭候，拒绝赴约的意思已经一目了然了，这样的幽默同样显示了萧伯纳在社交上的智慧。

在各种不同的社交场合，迅速摆脱自己所处的不利处境，活跃气氛，赢得尊重，都是离不了幽默的独特作用的。由于社交中突如其来的事情比较多，许多不曾预料的情况都会发生，因此要想使自己在社交中游刃有余，是必须要有过人的智慧和极其敏锐的反应能力的。

俗话说："要在游泳中学会游泳"，我们也只有在社交中才能学会社交，在幽默中才能学会幽默。

大胆地去实践吧，不经过实践的检验，我们就无法把自己的幽默运用得更纯熟，就无法通过社交为自己拓宽生活的道路。

6. 别人指责你时要冷静

幽默地对应别人的指责是一种高超的口才艺术，可以避免自己受到不必要的伤害，也不至于伤害别人。但是施展这种幽默技巧时最需要注意的一点是要保持必要的冷静。

（1）含蓄委婉

丘吉尔在第二次世界大战期间，多次发表演说，力主与前苏联联合共同抵抗德国。一位读者问他为什么替斯大林讲好话？

他说："假如希特勒侵犯地狱，我也会在下院为阎王讲话的。"

丘吉尔不直接点明自己的观点，而是以幽默含蓄的表达方式，把自己的观点寓于其中，让对方去细细品味。这种含蓄型的回答不但能机智地回击对方不友好的态度，而且能使语言充满魅力而耐人寻味的神秘色彩。

（2）举出荒谬的理由

一个冬晨，郊区开来的火车到站时又晚了 25 分钟，一位常遇见这种情形的旅客问列车长，这次又是什么缘故。列车长说道："碰到下雪，火车总难免误点的。"

"可是今天并没有下雪啊。"旅客说。

"不错，"列车长说道："可是，根据天气预报今天下雪。"

虽然列车长并未回答旅客的问题，相信听了列车长的话旅客一定生气不起来了，这就是幽默的力量之一。

（3）自嘲式幽默

1912 年，罗斯福作为总统候选人在新泽西州的一个小城市发表演说。他在讲到妇女选举权时振振有词，极力赞成妇女参政。

这时，听众中忽然有人狂呼："上校！你五年前不是反对过妇女参政吗？"

罗斯福坦然地回答说："是的，我五年前因为学识不足，所以主张有错误，现在已有进步了！五年时间，地球绕太阳都转了五个圈了，难道我转变一个观点还不应该吗？"

罗斯福由于坦诚地承认错误，因而赢得了听众。

当我们处于尴尬境地时，巧妙地使用自嘲式幽默，可以使我们顺利地摆脱窘境。

（4）使用专业术语

一位有洁癖的母亲有一天在女儿的书房里看到了一张蜘蛛网，就怒气冲冲地说："那是什么呀？"

女儿不动声色地说："是一项科学工程。"

使用幽默不仅能帮你很好地对付责难，而且还能帮你自我解脱。

（5）张冠李戴，语意翻新

将本来只适合于彼种场合的话，移植到此种场合来说，也能造成强烈的幽默效果。

在美国的一所学校里，一位女教师在课堂上提了个问题："'要么给我自由，要么让我死'，这话是谁说的？"

教室里鸦雀无声，女教师脸上一片失望。这时，有人用不熟练的英语答道：

"1775 年，美国国务卿巴特利克·亨利说的。"

"对，同学们，刚才回答的是一位日本同学。你们生长在美国却回答不出来，而来自遥远的日本的同学能回答，多么可怜哟！"

这时，从教室的一角突然发出一声怪叫："把日本人干掉！"

女教师听到叫声，气得满脸通红，大声问道："谁？这话是谁说的？"

静了一会儿，教室的一角有人答道："1945 年，杜鲁门总统说的。"

1945 年杜鲁门总统对日作战宣言，可说是美国人的精神原子弹；而教室里冒出这句话，只能是笑的原子弹。妙的是，那位学生引用得那么贴切、适时。

（6）故弄玄虚

"这是将军发来的一封电报。"一个通信兵前来报告，"是发给您个人的，团长。"

"你念吧！"团长命令道。

通信兵念道："我们这次失利首先应归罪于你的愚蠢与无能！"

"这是一份密码电报，立即去把它译出来！"团长严肃地指示道。

（7）认可中表达不满

亚柏在当选美国钢铁工会主席时，遇到了一定的困难，有不少人对他表示不满，其中有人公开历数他的缺点。亚柏在宾州的强斯敦镇演说时，听众哗然，要他下台。这时亚柏微笑着说："谢谢各位。我等一会儿就下台，因为我刚刚上台呀。"那些反对他的听众出乎意料地笑了。

亚柏式的幽默以间接的方式认可了反对者的不满，同时也表达出自己对自己也是不甚满意。于是，他和他的反对者达成了一种默契，即互相谅解，以发展的、宽容的眼光对待眼前的现实。倘若他在这关键时刻张皇失措，或者溜之乎也，那么他永远也不会当上钢铁工会主席。倘若他缺乏幽默，以激烈的言词回敬反对者，那他就把反对者推到了自己的对立面，自己则变成受难的圣塞巴斯蒂安，钉在讲台上接受乱箭穿身。

（8）把矛头转向第三者

如果当妻子的当众叱责丈夫，那是最伤夫妻感情的事了。但如果你是一个遇事冷静而且具有幽默感的丈夫，面对妻子的责骂，你可以弱化这种攻击。

有一次，几个朋友正在一家餐馆聚餐，一位朋友的妻子突然来到，不知为何，开口便大声训斥丈夫："你是世界上最卑鄙无耻的人！"

餐馆的顾客都注视着他们。当丈夫的迅速站起来扯开嗓子指着供桌上的泥人叫道："说得好，老婆，你还对他骂了些什么？"

这位朋友真是妙招，他妻子的火一下就下去了。他这句话有多层意思，一是给老婆面子暗示老婆不要太冲动，影响不好；二是让顾客知道他老婆不是骂他的，给自己面子。这里虽说大家心里明白是骂他的，但

186

大家都只注意他的幽默感；再就是给了几个朋友面子。后来这位朋友的妻子反而同他们一起进餐，并真诚地向丈夫和他的朋友们表示道歉。这反倒给他们这次聚餐增加了欢乐气氛。

（9）随机应变

记得一位幽默大师曾说过这样一句话："懂得幽默，能说幽默话的男人是最佳男人，长得丑一些是无所谓的。"幽默是一个人内在气质的表现，一个人内在气质的美，胜过外表的美。无论何人，只要充分运用自己的睿智，随机应变，用幽默的言辞以缓和窘境，这就是一种成功。它能化冲突为喜悦，变危机为幸运，即使在充满火药味的场合，也可以成为最佳的缓和剂，帮助你摆脱困境。

小王驾驶的汽车载人又装货在公路上行驶，边跑边放录音。后面来了一辆小车，鸣笛几次，由于笛声不响，车上噪声又很大，小王和他的同伴都没有听见，他把小车压了好长一段路。小车瞅机会超过了小王的车，便在小王的前面停下挡住了去路，小车上的几个人都下车又是指责又是骂。小王的伙伴们也不示弱，眼看一场械斗就要开始了。这时，小王很冷静，他下车走上前去，边脱衣服边大声说：

"同志们，我今日虽然不是有意压小车，但是给大家带来了麻烦，该打。我脱了衣服，让你们打得方便，要求你们打轻点，打快点，打了大家好赶路。"

小王这么一说，反而把大家逗笑了。大伙都说"算了"，各自走路。

小王利用以柔克刚之法，将责任揽到自己头上，话含幽默，又透出真诚，从而化解了矛盾。

（10）用笑声化解嘲讽

小周在上班时间伏案睡着了，他的鼾声逗得同事们哄堂大笑。猛然惊醒发现同事们都在笑他，并有人道："你的'呼噜'打得太有水平了!"

他立即接过话茬说："我这可是祖传秘方，高水平还没发挥出来呢!"

同事们的颇带嘲讽的笑声，如果不用适当的办法引导到乐哈哈的无所指的境界，久而久之就会在彼此之间形成一道障碍，令人觉得同事们老在取笑自己，在这样的工作环境里是不大可能心情舒畅的。如果能用巧妙的言辞把同事们再次逗得哈哈笑起来，这就形成了与人同笑的欢快境界，那么，彼此之间都无所介意，也就不会与同事们拉开距离。

7. 用幽默辩解自己的失败

谁都难免遇到挫折，有时也需要为自己的失败、缺陷做一下辩护。那么，怎样辩护效果更佳呢?

(1) 嘲笑自己的缺点

一个人如果有了缺点或缺陷，这本不是件好事。但如果能够勇于自我暴露问题，揭露自己的缺点，明示自己的缺陷，便能显示一个人的坦诚和责任感，往往被人视为可靠和勇敢的人，也会使自己显得豁达和自信，从而淡化缺点或缺陷。

自嘲诡辩术，是利用人们的上述心理因素，当自己陷入窘境时，自我超脱，采取自嘲自讽，自贬自抑的方法，嘲笑自己的缺点，嘲弄自己的缺陷，贬低自己的优点，以此作为摆脱窘境的良方。

前苏联总统戈尔巴乔夫最爱讲一个关于他本人的笑话，用来嘲笑他自己改革前对苏联经济所作出的努力。

他在一次俄罗斯联邦大会上对记者说："有一个总统拥有一百个情

妇，其中一个染有艾滋病，但很不幸，他分不出是哪一个；另一位总统有一百个保镖，其中一个是恐怖分子，但很不幸，他不知是哪一个。"

戈尔巴乔夫环视了一下周围的记者自我嘲笑说："而戈尔巴乔夫有一百名经济专家，其中有一个是聪明的，但很不幸，他不晓得是哪一个。"

戈尔巴乔夫想用经济改革的成就来挽救他政治体制改革的失败，经过一系列的努力，仍无济于事。他在这里的自我嘲弄，实际上承认了自己对经济改革的无能。

（2）用幽默的方法排解失意

史蒂文森是美国50年代的一位政治家，他曾与艾森豪威尔两次竞选总统，两次都败在艾森豪威尔的手下。但史蒂文森始终保持幽默的作风与风格，即使在最失意的时候，他也不忘记幽默。因而，他即使是两度竞选失败，没有登上总统的宝座，但仍然取得了很大的成功。

当史蒂文森第一次荣获提名竞选美国总统时，他内心异常激动，他自己打趣道："我想，得意洋洋不会伤害任何人，也就是说，只要人不吸入这空气的话。"

当他竞选总统失败时，他仍以充满幽默的口吻，在门口欢迎记者进来，并风趣地说："进来吧，来给烤面包验验尸。"

后来，有人邀请史蒂文森去演讲。他在去演讲的途中遇到阅兵的行列而使汽车受阻，因而耽误了时间，到达会场时已迟到。面对耐心等待他到来的人群，他当即表示歉意，并解释说，"军队英雄老是挡我的路。"

听众们知道，史蒂文森两次竞选的对手，都是艾森豪威尔将军这位"军队英雄"。因而史蒂文森所说的这句话，让听众心领神会，捧腹大笑。

其实，无论是谁，在前进的道路上总会碰到这样那样的困难和障碍，或是工作上的失意，或是家庭的困难，或是心理的不适。只要你面对挫折，用幽默的方法排解失意，你就能激励自己战胜困难，增加勇气和信心。

（3）将错就错，灵活发挥

一次智力竞赛抢答，主持人问："三纲五常的'三纲'，指的是什么？"一名女学生抢答道："臣为君纲，子为父纲，妻为夫纲。"

她的回答，正好把三者的关系颠倒了，引起哄堂大笑。女学生灵机一动，立即补充道："笑什么？我说的是新'三纲'。"

主持人疑惑地问道："怎样解释？"

女学生不慌不忙地说："现在，我国人民当家做主，是主人。而领导者，不管官有多大，都是人民公仆，岂不是臣为君纲吗？当前，国家实行计划生育，一对夫妻只生一个孩子，这孩子成了父母的小皇帝，岂不是子为父纲吗？许多家庭中，妻子的权力远远超过丈夫，'妻管严'、'模范丈夫'到处流行，岂不是妻为夫纲吗？"

好一个新"三纲"！话音未落，同学们都为这位女同学随机应变的能力而鼓掌喝彩。

在日常言谈中，有时难免说错了话。上述这位女学生在抢答时，把"三纲"三个句子的主次关系弄颠倒了。但她思维敏捷，灵机一动，干脆将错就错，根据新的历史时期人们社会关系的变化，临时对"三纲"作了一个全新的、却又符合逻辑的解释。这充分显示了这位女学生机敏的论辩口才。

（4）偷换概念巧解嘲

1972年，美国总统尼克松访华时登长城，因腿病只上了三个台阶就无力再登了。

这时偏偏有位记者走过来，想"将"他一"军"："总统先生，你何不登上最高峰?"

尼克松笑了笑说："昨天我与毛泽东的会见已经是最高峰了，何必再来一次高峰呢?"

那位记者的问话是够刁钻的，让人猝不及防。可尼克松首先抓住了其诘难的关键词——"最高峰"，然后突破"长城最高峰"的本义局限，临时赋予其"最高领导人的会晤是出访的最高峰"的新义，一下子把举步维艰的局面摆脱了。

8. 风趣地对待他人的过失

幽默地对待自己的缺陷，更要幽默地对待他人的过失。

（1）风趣地纠正

有一位叫阿芳的姑娘，虽然没有出众的容貌和迷人的身材，但为人性情开朗、正直、幽默，许多人一旦和她交往几次，往往就被她的幽默所吸引，不知不觉地感受到她的魅力。

有一次，阿芳参加同学聚会，和同学们回忆着大学时代的美好生活。不料主人在招呼客人时，一不小心将一盆水打翻，全洒在了阿芳的脚上，把她那双新皮鞋泼湿了。主人不知所措，显得十分尴尬。阿芳却不慌不忙地说：

"一般人正常情况是洗脚之前先脱鞋。"

一句话，使满屋的人都笑了起来，难堪的气氛也一扫而空，大家更加佩服阿芳姑娘。

（2）宽容风趣

一位刚刚学会骑自行车的小伙子，骑车时见前边有个过马路的人，连声喊道："别动！别动！"

那人站住了，但还是被他撞倒了。

小伙子扶起这个不幸的人，连连道歉。那人却幽默地说："原来你刚才叫着'别动，别动'是为了瞄准我呀！"

像上面这个例子中的情况，我们在日常生活中会经常碰到。过马路的人被骑车的人撞倒了，还有心思与骑车的人开个玩笑，这并不是回避、无视生活中出现的矛盾，而是以幽默的方式展示一种温和的批评，表现出的是一种很高的修养

在社交场合，说话带些风趣和幽默更能体现出一个人的修养和礼仪，也表现出其人格魅力。

9. 巧妙地为自己解脱

（1）灵活补救

在戏院看戏的时候，吕西安·吉特里碰到一位先生，后者坚持要请他下周的某一天与他共进晚餐。

吉特里只好同意了："那就下星期四吧。"

"说定了，你真令我高兴。"

那人走了。吉特里本来就不想到这个人家里去的，因而转身对他秘书说："这家伙真叫人讨厌，替我写信告诉他，下星期四我没空……"说到这里，他突然瞥见那位先生还在他后面，于是紧接着说："……因为那天我得跟这位先生共进晚餐。"

（2）将错就错

作为一名相声演员，要表现出幽默来，不但需要说话技巧，而且需要机智。

著名相声演员马季，有一次到湖北省黄石市演出。在他表演之前，

有一位演员错把"黄石市"说成"黄石县"，引起了观众的哄笑。在笑声中，马季登台演出。他张口就说："今天，我们有幸来到黄石省演出……"这话把哄笑中的观众弄糊涂了。

正当大家窃窃私语时，马季解释道："方才，我们的一位演员把黄石市说成县，降了一级。我在这里当然要说成省，给提上一级。这样一降一提，哈！就扯平了！"

几句话，引得全场哄堂大笑，马季机智巧妙地给圆了场，使演出得以顺利进行。

（3）假装糊涂

当一位旅馆服务员推门走进一位顾客房间，准备整理时，忽然发现这个女顾客只穿着内衣裤，他边低头整理茶杯边说道："小伙子，这样可不好，这么冷的天你不怕生病吗？"

待那女顾客穿好衣服后，他抬起头来，装作恍然大悟地叫道："我的视力越来越差了，原来您竟是位如此美丽的女士！"

（4）执错不改

"你变得多厉害呀！你本来有一头浓密的黑发，现在你却光秃秃；你本有红润的面色，现在你却面色青灰；你本来是个肥佬，现在你却是个瘦佬。我真做梦也想不到，高登先生。"

"但我并不是高登先生。"

"啊！那么你连姓名都变了！"

（5）及时道歉

幽默能使激化的矛盾缓和，从而避免出现使双方难堪的场面。

在公共汽车上，小伙子没站稳，不小心踩了旁边的姑娘一脚。姑娘"哎哟"一声，绷起脸，眼看一场争吵不可避免。小伙子立刻笑容满面："对不起，我不是故意的！"并伸出一只脚说："要不，你也踩我一脚！"姑娘不好意思发作，也跟着大伙一齐笑了起来。

（6）顺水推舟

一位推销员正在推销他那些"折不断的"梳子。为了消除围观者的怀疑，他捏着一把梳子的两端使它弯曲起来。突然"啪"的一声，那位推销员只能目瞪口呆地望着他手中的那两截塑料断片了。

终于，他把它们高高地举了起来，对围观着的人群说："女士们，先生们，请注意看，这就是这种柔软的梳子的内部结构。"

第六章　让幽默成为你的一种表达方式

> 幽默的妙趣，散落在生活的每个角落。幽默的妙用，伴随着人生的每个瞬间。批评本是伤人的事，简单生硬往往使矛盾冲突，常常达不到预期的效果。但如果用幽默的形式传递信息，表示自己内心感受和真实想法，常会收到出人意料的结果。

1. 巧用幽默来表达看法

下面例子中的情况似乎是司空见惯的：差不多在任何情况下，以富有幽默感的评语来代替抱怨，都可以使你得到比较周到的服务，包括从餐馆点菜，到抗议商店出售伪劣的商品。请看下面一段对话：

有一次，安德鲁到一家旅馆去投宿，旅馆职员说："对不起，我们的房间全部客满了。"

安德鲁问："假如总统来了，你可有房间给他？"

"当然有！"职员说。

"好。现在总统没来，那么你是否可以把他的房间给我？"

结果是安德鲁得到了房间。当我们需要把别人的态度从否定改变到肯定时，幽默力量具有说服效果，它几乎是一种有效的特殊处方。

托马斯·卡莱尔对幽默的理解可以说是具有真知灼见的。他说："真正的幽默是从内心涌出，更甚于从头脑涌出。它不是轻视，它的全部内涵是爱和争取被爱。"他还说："幽默力量的形成主要在于我们的情绪，而不在我们的理智。你的幽默力量是你，是你以愉悦的方式表现出来的你。它表达出你个人的真诚，你心灵的善良，你对别人、对生活的爱心。你能够真正掌握幽默这种力量，那么你也能够表现不平凡的作为，创造有意义的人生。"

有人认为幽默只是一种轻浮，是巧舌如簧。这种人把生活搞得干涩而痛苦，他不懂得幽默，也就从来不会实现精神上的超越。一个毫无幽默感的人，他一生中的困难最多，对自己、对别人的伤害也最大。

当然，如果把幽默作为攻击、讽刺、伤害、或是责备他人的武器，那么只会杀死别人的感情，最终也杀死自己的感情。这样的幽默是酸溜溜的，毫无可取之处，而你将在别人心目中变成一个干瘪而可怕的人。

所以，真正的幽默不仅是在严肃与趣味之间达到相互的平衡，而且是要剥去虚假的"关心、爱护的外衣"，在爱与争取被爱的前提下摆脱不健康的"情绪"，认真思考一下自己错误的想法、肤浅的观点和时而偏差的价值观，进而使我们的身心和周围的一切达成更和谐、更融洽的氛围，实现更好的人际沟通。

在公共汽车上，乘客和售票员经常处于对立的局面，一点小事都会引起激烈的舌战。如大腿被门夹住了，报站名没听到，错过站的乘客慌慌张张地擂门大叫："售票员，下车！"

而售票员瞪眼瞅他，正在酝酿几句一鸣惊人的奚落话。

如果这时有一位乘客及时插嘴说："售票员不能下车。售票员下车了，谁来售票？"

不仅那位错过站的乘客会报以微笑，可能连售票员也会变得和颜悦色起来。

不消说，我们希望和幽默的人一起工作，我们愿意为具有幽默感的人做事。小姐们喜欢选择天性诙谐幽默的男人做丈夫，学生渴望老师把枯燥的学问讲得妙趣横生。同样，我们要求商场和工厂的经理人才应具备幽默，更希望政府官员多一点幽默感。政治家在竞选时不忘多多利用幽默，小孩子也会因为父母创造的幽默环境而心智活泼健康。此外还有文学、音乐、绘画、雕塑、戏剧等等艺术，无一不是在追求幽默。

这一切足以说明，幽默是一种文明，它产生在人们的爱与争取被爱的基础上，是人们改善自己和面对生活困境时所产生的一种需要。

2. 用幽默含沙射影地表达观点

在社交中，避开与他人的正面冲突，巧用他物加以发挥，幽默地来表达自己的观点，往往能得到让人意想不到的效果。

传说古代有一种动物，长期潜在水中，善于口中含着细沙以击射附近的人，假如得逞，那个人的生命便受到危害。与传说中那种精灵的恶作剧不同，我们这里借用"含沙射影"一语来指代一种行之有效的幽默技巧。

含沙射影的幽默是当事人巧妙利用某一事件或场景为基点，将自己的观点用常规的逻辑顺序推导出来，从而在讽刺、挖苦中叫人感受愉悦的幽默效果。

这种技巧与我们所熟知的"借题发挥"幽默术有些相类似，但严格说来还是有区别的，相比较而言，前者更具讥讽和嘲弄的意味，因而很容易在畅然一笑之后给人以教益和启迪。我们先来分析一则：

过去有个茶馆老板的妻子结婚2个月，就生了一个小孩，亲朋好友都赶来祝贺。茶馆老板的弟弟也来了，他拿来了自己的礼物——纸和铅笔。老板谢过了他，并且问：

"贤弟，给这么大的小孩儿赠送纸和笔，不太早了吗？"

"不，"弟弟说，"您的小孩儿太性急。本该 10 个月出生，可他偏偏 2 个月就出世了。再过 5 个月，他肯定会去上学，所以我才给准备了纸和铅笔。"

包括弟弟在内的所有当事人，对茶馆老板的"早"得贵子无疑是有类同的看法的，只不过大多数人是心照不宣而已。而好事的弟弟偏偏要"哪壶不开提哪壶"，当众揭发出老板夫妇的丑。在这当儿，老板的疑问给了他一个借题发挥的机会。为了达到讽刺和幽默的目的，弟弟首先否定了老板的疑问，并紧接着根据事情的表象亮出了自己的看法：不是老板或老板娘行为的不检点使孩子这么快出生，而是"您的小孩儿太性急"。这样似乎得出了虚假的结论，但这并无妨于含沙射影术的运用，下面，弟弟在这一谬论的基础上作了进一步推测，并最终证明了自己之所以要送给小孩子纸和笔的"远见"。

由此可以看出，在该种技法中，利用貌似"合理"的推理得出一个荒谬的结论，然后再将这个谬论作为进一步推导的前提，而其结论必然也是荒谬的。所以应当注意，在含沙射影幽默术的应用中，几乎始终是在与一系列在本质上错误的结论相周旋。另外值得一提的是该种幽默法所具有的旁敲侧击的讽喻效果。

在上面的例子中，弟弟的用意显然是在于以"小孩儿太性急"为沙而射"嫂子未婚先孕"之影。前者是虚，后者是实，二者相得益彰，幽默效果也就自然形成了。

给人以教益和启迪是含沙射影法的另外一个特点，这是由于该方法的应用一般都有颇强的针对性。比如在主题的选择上要有所强调，这样有利于此后的论述乘势而发，而不流于空泛。既给人以轻松，又让人产生长时间的冷静思索，这两者的巧妙结合是含沙射影幽默法的情趣之所在。

借助他物，含沙射影地表达自己不便表达的观点，把自己的信息传达出去，不仅达成了自己的目的，还制造了幽默含蓄的喜剧效果。

需要指出的是，含沙射影的幽默法在运用上，一定要注意场合和分寸，超出了这个界限，不仅使幽默本身失去意义，还有可能伤害和他人之间的感情。

3. 运用幽默表达真正意图

在一家食品店里出现了下面这幅情景：

一个小男孩站在低低的柜台前面，凝视着一盒打开了的巧克力饼干。

"喂，小孩，你想干啥？"食品店老板跟他打趣问道。

"哦，没什么。"

"没什么？我看你好像是想拿一块饼干。"老板说。

"不，你错了！先生，我是想尽量不拿。"小男孩顽皮地回答。

老板不禁被他的机智和可爱逗得哈哈大笑，于是送给他一盒饼干作为"嘉奖"。这位聪明的小男孩也正是利用了这种异曲同工的幽默技巧。本来他对美味望眼欲穿，馋得直流口水，但并不直说，而是直话曲说，"实话"巧说，表面上看去似乎是否定了老板的话，实际上等于将自己的意图变了个方式表达出来而已。

小孩子似乎很小的时候就学会以幽默力量来沟通，或借此达到目的。例如，小孩可能向父母要求一样他并不想得到的东西，以期得到他真正想要的东西。如下面这段对话：

玛丽："妈妈说不准我养狗。"

朋友："你不该这样直截了当地要。向你妈妈要个小弟弟，她就会买只狗来给你了！"

另外，从孩子的新观点上，也可以获得幽默力量。例如：

父亲责骂女儿太吵："你不是答应我要安静的吗？我不是跟你说好，你不安静的话就要挨打吗？"

"是啊，爸爸，"女儿表示同意，"但是我没遵守我的诺言，因此你如果不遵守你的诺言的话，也没关系！"

有时通过孩子，可以帮助我们看见自己的缺点，从而学到如何轻松面对自己。

周末，父子两人结伴到森林里露营。

"好了，很有趣吧？"父亲问。

"我想是吧，"儿子说，"只是下次，我们是不是可以带妈妈和番茄酱来。"

有时候，小孩的幽默力量比大人们更早预见先机。

有一位父亲把自己当年的结婚照片拿给小女儿看。

小女孩看着照片，先是疑惑不解，继而突然眼睛一亮。"我明白了，"她说，"就是这个时期你把妈妈带回家来，帮我们做家务的。"

避开正面冲突，巧借他物，加以发挥，实质上是旁敲侧击。当事人巧妙利用某一事件或场景为基点，将自己的观点用常规的逻辑顺序推导出来，从而在讽刺、挖苦中叫人感受愉悦的幽默方法。

孩子们可以借助幽默来看父母的脸色。

小孩："爸爸，我长大了要当一名北极探险家。"

爸爸："好极了。"

孩子："可是我想立刻开始训练自己。"

爸爸："怎么个训练法？"

孩子："我每天要买一英镑的冰淇淋，这样我将来就能适应寒冷的天气了。"

突破常规式样，达到幽默目的，一个人在做某件事的过程中，采用了一种有别于常规的方式或方法而达到了完全相同的目的。不仅仅生活中是这样，就是我们日常所离不了的交流工具——语言也有类似的情况。

再如下面这个幽默故事：

妈妈上完夜班回家，拉开灯时，发现地毯上洒满了瓜皮果壳，并有一张醒目的字条。妈妈捡起来一看，只见上面写着——

"妈妈，对不起，我困了，明天一定打扫。"

妈妈忍受不了脏，便拖过吸尘器忙乱了一阵。

打扫完后，妈妈上床睡觉，只见枕头上又放着一张纸条，上面写着——"妈妈，谢谢您！"

做奶奶的也有发挥讽刺性的幽默力量的时候。例如某女士有四个孙儿，来与她同住了一个月。

她告诉朋友说："孙儿们来，带给我双重的欢乐！"

"怎么说呢！"

"他们来了，我很快乐；他们走了，我也很快乐。"

我们将能够突破常规的语言的特点运用到幽默当中时，它就成为一种很重要的幽默技巧。例如可以避开常规表达方式，而使用意味完全与之不同的另外一种语言模式来达到表达目的的幽默技巧。因此可以这样说，该种技巧之所以能够使整个幽默显得诙谐有趣，引人入胜，不在于它的雄辩，而在于它的构思新奇，不落俗套。

4. 在幽默中轻松说理

在生活中，很多时候，需要说服对方，但却往往十分困难，这时不妨利用诙谐幽默，以轻松愉快的形式，将道理表达出来，使人从喜悦和谐的氛围中幡然醒悟。

在诙谐中轻松说理的幽默术的特点，即是以轻松愉快的形式，诙谐风趣的语言，表达庄重严肃的道理，使人在喜悦和谐的氛围中，接受道理，服从对方，从中表现出你强烈的幽默感。

西汉时，东方朔滑稽多智，能言善辩。

一天，汉武帝议论"寿相"时对大臣们说："依我看，《相书》中有一句话很有道理：'人是否长寿，只要看看鼻子和嘴之间的人中长短。人中如果长一寸，就可以活一百岁'。"

众位大臣都应声说："对！陛下高见。"东方朔听后却仰天大笑。

有个大臣指责他胆大妄为，竟敢取笑皇上。东方朔辩解说："我哪里是笑陛下，我是笑彭祖的面长！"

汉武帝便问："彭祖面长有什么好笑？"

东方朔说："传说彭祖活到八百岁，如果《相书》真的很准，那么按人中长一寸寿百岁推算，彭祖的人中应有八寸长，而他的脸岂不是有一丈多长了？"

汉武帝听罢，想了一会儿，也不禁大笑起来。

东方朔的推算，使发怒的汉武帝由怒而笑，也使汉武帝在笑声中认识到了迷信相面的可笑之处，的确达到了在诙谐中指正错误的幽默效果。

在诙谐中轻松说理，就是把十分庄重严肃的道理，采用开玩笑的方式把话说出来，以产生幽默气氛，使人在快乐中接受。

5. 用幽默将批评包装起来

大部分的人，是不会轻易去批评别人的，而几乎所有的人，更不喜欢被别人批评。但是"人无完人"，在交际中我们不可避免地会发现别人的缺点，如不及时指出，又可能导致因不能及时克服缺点而犯更大的错误，会使我们因没有及时指出别人的缺点而内疚。这时，我们就得拿起批评的武器。但是在批评中，人们普遍反感的是板着面孔的训斥，为了达到完美的沟通，在批评中就不能少了幽默的力量。

许广平曾经写了一篇名为《罗素的话》的论文，请鲁迅指正。鲁迅阅后，写了下面几句话："拟给九十分，其中给你五分（抄工三分，末尾的几句议论二分），余八十五分给罗素。"许广平欣然接受了鲁迅的这一批评。

鲁迅先生的用意是说许广平的论文中引用罗素的观点过多而缺少自己的独立见解，但他不是直接指出缺点，而是用幽默的语言予以调侃，并用带有夸张色彩的语调加以批评，这样的批评当然容易让人接受。

公园里有一家餐馆，常常在楼前树荫下撑出几把沙滩伞，清幽的环境吸引了众多的顾客。一天，某球队的几名球员来到这里用餐，席间觥筹交错，敬酒喧哗，打破了公园的静谧。服务小姐几次想加以劝阻，却又怕得罪了客人，只得作罢。忽然一阵秋风刮起，将一片黄叶吹到了菜盘里。一位球员想为难服务小姐，便说："小姐，这算一道什么菜?"服务小姐笑了笑，答道："这是一张黄牌。"

出示黄牌是球场上对违规球员的一种警告，如再不改，等到第二张黄牌出现时，裁判就得请你"走人"了，所以球员都非常忌讳的就是"吃黄牌"；但是服务小姐不是裁判，便不能给顾客"出示黄牌"。而顾客的行为与周围的环境又实在太不协调了，于是服务小姐幽默地将一片枯叶比作让球员"闻之色变"的黄牌，既达到了提醒对方的目的，又不至于引起对方的反感。批评他人是为了让他人改正错误，而不是要把对方推入尴尬的境地，否则就不能达到批评的目的。还有在批评中，只有加入幽默的力量才能使人更愿意接受。

但是，如果在批评中"幽默"过分，又可能让对方会错意，或使对方无法知道事情的严重性，从而达不到警醒对方的目的。

某公司有个职员爱酒如命。一次酒后不能上班，经理就在他的办公桌上写下"七九五四"几个数字。职员上班后，不知其意，就去请教秘书小姐。小姐说："经理是说你'吃酒误事'。"于是职员在"七九五四"后面画上一只蝉，送给了经理。经理笑道："孺子可教也。"但是好景不长，不久他又"旧病复发"，于是经理在蝉的尾部加上一道白烟，复交给职员。职员又问秘书小姐，小姐说："前次经理怪你'吃酒误事'，你说你'知了'；现在你依然故我，经理说你'知了个屁'。"

经理和职员在对待批评和被批评的问题上可谓幽默感十足，但是职员在被批评后"依然故我"，这多少与经理的批评严肃不足而诙谐有余有些关系。

6. 幽默表达仁爱之情

有时候，我们需要表达对他人的爱护、同情和安慰，但是这种表达如果使用的方法不当，反而会使我们安慰的对象感觉我们是在可怜他们，因而使我们友善的表达收到相反的效果。这种时候，我们不妨运用幽默的方法，看看效果如何。

一个酷爱打保龄球的人说："我的医生说，我不宜打保龄球。"

他的朋友听了说："哦，他一定跟你较量过。"

对朋友的仁爱之情、安慰之意通过幽默的手法委婉曲折的表达出来，既不会对朋友自信心造成伤害，又很好地达到了自己的目的。在个性迥异或一时闹了别扭的亲情手足之间，貌似嘲笑的幽默关怀总是来得更有效，每每快捷地弥补着差异与裂痕，缩短双方的距离。

有一对夫妇吵得很凶，吵到后来，丈夫觉得后悔，就把妻子带到窗前，去看一幅不常见的景象——两匹马正拖着一车干草往山上爬。

"为什么我们不能像那马一样，共同拉上人生的山顶？"

"我们不能像两匹马一起拉。"妻子回答说，"因为我们两个之中有一个是驴。"

丈夫调整了的情绪改变着妻子尖刻妙语的原意，使它成为温情的表达："是的，我赞成。让咱们一起笑，别吵了。"

幽默语言能化解人际关系的冰霜，增进人际的和谐，避免可能发生的冲突。幽默能帮助我们认识到：与社会和人生的重大问题相比，我们的某些矛盾显得微不足道，人与人之间的矛盾大多可以调解。如果我们能够轻松地看待那些日常小事，就可以免除许多不必要的争论和烦恼，使自己心情舒畅，还能以此开导他人，调解争端。

某大公司的董事长和财税局长有矛盾，双方很难心平气和地坐在一起，可是一个重要的会议又必须得把他们都请来，他们不得不来参加会议，但双方象陌生人一样视而不见。

这时会议主持人为了缓和他们的矛盾，决定对他们进行劝导。他向人们介绍这位董事长时，说："下一位演讲的先生不用我介绍，大家都认识他，他就是我市上至市长，下至最普通的老百姓都认识的×××董事长，但也有一个例外，就是我市鼎鼎有名的税务师，财税局长××

×，他们俩人谁也不认识谁，看起来董事长真需要一个好的税务师为你把关，财税局长也要和董事长亲近亲近，多了解企业情况，为企业当好参谋。"

听众爆发出一阵大笑，董事长和财税局长也都笑了。

我们身处的是紧张运转的现代社会，繁忙的劳作再加上各种利益的纠葛，使得人们彼此间的矛盾冲突增多，日常生活的摩擦更是不断。如何松弛紧张情绪，避免无谓的争吵，让自己摆脱处世的烦恼，确实需要我们认真思考，如何使我们的生活质量更高，如何使我们在和谐、欢乐、轻松愉快的环境中更好地学习、工作、生活。

7. 用幽默含蓄表达自己想说的话

含蓄是幽默表达的一种形式。运用含蓄的形式表达自己的意见、观点时，要曲折地、间接地表达，并带有一定的假设性，把你的意见稍作歪曲，使之变成耐人寻味的意思，请看下面一则对话：

作者：老师，我这篇小说写得如何？

编辑：很好，完全可以发表。不过，有个地方得略微改动一下。

作者：这是真的？请你指正！

编辑：只要将你的大名修改一下就行了。

在这里，如果编辑直说"你这篇小说是抄某某作家的"，虽说简洁明了，但会使对方无法下台，也显得缺乏艺术。

在现实生活中，这种含蓄地表达自己观点的幽默方式，自然并不限于指出抄袭者，还可以运用到各种场合。

法国幽默大师贝尔纳有一天去饭馆吃饭，他对厨师的饭菜很不满意。结账后，贝尔纳请侍者把经理叫来。

贝尔纳对经理说："请你拥抱我。"

经理感到莫名其妙。

"永别啦，你以后再也见不到我了。"

如果贝尔纳付账后，立刻就说："你们这里饭菜质量太差我再也不来了。"这么表示虽然直白，但有些时候往往让人难以接受。他的幽默恰恰在于明明要贬抑厨师的手艺，却用夸张的方式、含蓄地表达自己的不满。

许多人之所以缺乏幽默感，就是因为太习惯于直截了当、简洁明了的表达方式。而幽默则与直截了当不同。要养成幽默感，就要学会迂回曲折的含蓄表达方式，明明看出抄袭也不直接说出来，而是夸张地假装承认他写得很棒。待他自我陶醉时，你才从某个侧面毫不含糊地点出来，让他自己心里明白。

在这样做的过程中，你得时时刻刻与自己想直截了当表达自己观点的愿望作斗争。换个角度来表达你的意思。

常言道：大智若愚。即使你心里很明白事情究竟是怎么回事，但直接说出来可能会得罪人，这时不妨含蓄地以幽默的方式表达你的意思。例如：

编辑：这首诗是你自己写的吗？

作者：是的。

编辑：李白先生，我十分高兴看到您，我以为你死了已经有一千多年了。

在这里把对方当作李白已经是一个很大的"错误"了，可还分量不足，再点出李白是一千多年前的人，让他感到无地自容。

说话含蓄是一种艺术，也是幽默的一大技巧。含蓄地表达幽默，是把重要的、该说的故意隐藏起来，而且把幽默寓于其中，却又能让人家明白自己的用意。

掌握这种幽默技巧有一定难度，它要求有较高的说话艺术和高雅的幽默感。它体现了说话者驾驭语言的能力和含蓄表达幽默的技巧，同时，也包含着对听众想象力和理解力的信任。

如果说话者不相信听众丰富的想象力，把所有的意思和盘托出，这样不但起不到幽默的效果，而且平淡无味，让人厌倦。所以，有的话不能直说，相反要把本来可以直说的话，故意用"含蓄表达"法表达，从而产生一种耐人寻味的幽默效果。

8. 学会幽默地赞美

一个贫穷的青年疯狂地爱上了一个漂亮的女郎，他对她说："梦中的女神，我愿意把我所有的财产放置于你的脚下。"女郎问："可是你没有多少财产啊！"青年："你说得不错！但是比起你小巧玲珑的玉足来，它们就显得不少了！"

能把赞美的技巧发挥到这个程度，你该看到什么是最上乘的赞美手法了吧？

对方无论是男性、女性、前辈或者是同事、甚至后辈，最上乘的夸奖手法就是：我知道赞美对你不会发生作用，可是，我还是忍不住要赞美你。

可是，也不能盲目地赞扬别人，不然，别人就会把你看成一个十足的马屁精。赞扬一个人时，必须一本正经，从内心里抱着真实的信念去做。

从另一方面来说，被赞美者是否要接受别人的赞美，也必须视不同的场合而定，有时可以接受，有时则不宜接受。当你对别人很亲切，或者因为帮助了别人而受到赞扬或感谢时，你总是会感到难为情，不过，如果你是一位男士，你就必须接受下来，以此显示自己的果断和风度，婆婆妈妈地推辞反而会让别人看轻你。不过，接受别人赞美往往也很难做到很坦然，也难免会有尴尬之情，这时候，运用幽默的方式接受赞美就可以帮你减轻尴尬。

某一位男士丢了钱包，一个青年给了他二三十元买车票，及时救了燃眉之急。当对方频频地道谢之时，该青年以幽默的口吻说："哪里，这不算是大不了的事。只要我回到了家里，要多少就有多少。瞧！我家在开银行呢！"

来这么一个幽默，不但能够向别人展现出你的善良和爱心，而且，你自己也会感觉到非常的愉快。

第七章　用幽默调剂你的工作

　　现代人工作压力大，工作中的人际关系头绪纷杂，这导致人们在工作中事事小心，身心疲惫。面对这种情况，在不影响工作的前提下，可以和同事、上司、下属开个适度的玩笑，幽默一下，活跃一下办公室的气氛。这也是控制情绪、激励自己处理人际关系的好办法。因为，打破严肃尴尬的气氛，给工作注入新鲜欢快的空气，不仅有助于提高自己的工作效率，同时也能赢得同事的信任和领导的信赖。

1. 幽默地自我宣传，大胆地自我推销

　　在商业化的社会，积极地推销自我能力的人越来越多，虽然能力的高低是重要的决定因素，但推销方法的高明与否则往往是成败的关键。有些人甚至就因为方法不好，虽然颇具才华，但却不能为人所接受。如果在自我推销的过程中加入幽默的成分，相信会收到意想不到的效果。

　　美国著名销售大师杰弗里·吉特默为他的猫制作了一张名片。每次推销的时候，他都会跟客户说："我的丽托猫有一张自己的名片。她是我的吉祥物。无论我要找哪份重要文件，总会发现她躺在上面，这很有趣。而我每次参加研讨的时候，我总会散发它的名片。原因只是为了逗人一笑。但是，每个收到名片的人都会保留它，把它拿给别人看，并和别人谈论我。"

　　杰弗里·吉特默为他的小猫设计名片并到处分发，这是多么有趣的创举。如果有人给你一张这样的名片，你会怎么想？你会通过它而记住对方吗？很明显，通过这种方式，杰弗里·吉特默成功地推销了自己。所以，请记住名片是你的形象的代表，它应当有新意、有趣、吸引人。

　　自夸的幽默技巧也能被应用在自我宣传中。与其说自夸可耻，毋宁说它是一种宣传、广告，是所有商业行为的基础。

　　日本百货业界的巨人，丸井百货公司在推出可以签账购买任何东西的"绿色签账卡"时，有一句很幽默的自夸词："除了爱人之外，什么东西都卖给你。"日本罗德企业集团在韩国的休闲购物中心罗德广场落成时，其企业总裁重光武雄就说了一句颇有幽默感的话："除了葬仪社之外，我们应有尽有。"

　　但是，在向别人推销自己时，如果言辞太过于自夸，在现代社会中还是不太容易被接受的。不过，同样是一句自夸的话，若是由具有幽默感的人来说，可能就比较不刺耳。下面就是一个以幽默的方式来夸耀自己的佳作。

　　美国职业棒球队的某选手曾夸耀他自己的跑步速度说：

　　"我若告诉你我能跑得多快，您恐怕吓死哦！只要我打出全垒时，观众还没听到球棒打到球的声音，我人可能已经到一垒了。"

　　——这么说来他的速度简直就是超音速了嘛！

　　自夸的话语之所以听起来很逆耳，是那些话语中经常带有夸张不实的描述，或许我们可以更肯定地说，自夸的话多少有些吹牛。可是，现在则是个人秀的时代了。强鹰若是不张爪，可能将捕不到好猎物而终其一生。

　　不过话虽如此，但过分或过于低俗地自我炫耀，还是会招致别人反感的。因此一句要兼具自我宣传和自我炫耀的话，它必须是具有适度的幽默感，才能避免引起反感，并让人愉快地接受。一句话，自我推销要大胆，自我宣传要幽默。

2. 利用幽默缓解工作压力

在当今竞争异常激烈的社会，工作压力已经成为上班族的主要压力，如果能处理好这方面的压力，那么压力有可能转化为动力，但如果处理不好，就会使人心烦意乱，失去工作积极性，压力就会成为阻力。因此，为了提高工作效率，使自己工作轻松一些，可以采取自我调节的方法来缓解一下工作压力。

幽默作为自我调节方法中重要的一种，它能帮助我们消除因工作而来的紧张，驱逐挫折感，并解决人际关系中的一些尴尬问题。

马氏一家人专门从事危险的行业，就是用炸药炸毁需要拆除的建筑物。我们可以理解他们做这一行工作，心理上会有多么大的压力。但是马氏一家人用幽默的方式来消除紧张——常和当地记者聊天，说些荒谬的故事。有一次在大爆破工作之前，新闻记者问他如何处理炸飞的沙石瓦砾？马氏一本正经地解释道："我们向一个生产包装袋的公司订制了一个特大的塑料袋，然后用直升机在大楼上空把它扔下来罩住需要爆炸的建筑物上。"

记者为这虚构的笑话笑弯了腰。而第二天马氏兄弟从报上读到这一则新闻时，也爆发出阵阵笑声而松弛了紧张的心情。

幽默的语言可缓解人们在工作中的紧张情绪。用它来缓解工作压力，会比一些抽象的理论更奏效，显示出语言的最佳效能。有时候，与同事开开玩笑也能缓解工作中的压力。

两位保险公司业务员的例子可以说明这一点。这两人争相夸耀自己的保险公司付款有多快。第一位说，他的保险公司十次有九次是在意外发生当天，就把支票送到保险人手里。

"那算什么！"第二位取笑说，"我们公司在李氏大厦的 23 楼。这栋大厦有 40 层高。有一天我们的一个投保人从顶楼跳下来，当他经过 23 楼时，我们就把支票交给他了。"

我们向同事开玩笑，与同事一同笑的过程中，我们在缓解了自己的工作压力的同时，也用幽默帮助同事用更轻松的态度工作。有时候，一个职员要负责的工作种类很多，头绪纷杂，很容易因工作压力过大而产生烦躁情绪。这时候他们尤其需要幽默的帮助。

小丽是一家大公司的总经理助理。她得应付访客、电话、同事和老板。空闲的时候，还必须打字。小丽在繁杂的工作中需要幽默，拥有它，并运用它。有时，某些自以为是的人来电话，还会给她出难题。

那人在电话中说："我要和你的老板说话。"

"我可以告诉他是谁来的电话吗？"小丽问。

"快给我接你的老板。"来电话的人坚持道，"我现在马上要和他说话。"

"很抱歉。"小丽温婉地说，"他花钱雇我来接电话，似乎很傻。因为十个电话中有九个是找他的。"

来电话的那个人笑了，然后把他的名字和电话号码告诉了她。

小丽巧用幽默，恰当地帮自己缓解了工作中可能出现的矛盾，同时也减轻了自己的工作压力。幽默可以在帮助人们缓解工作压力上起到一定的作用，但是幽默不是万能的，造成工作压力的原因也是多种多样的。因此，在缓解工作压力时，除了运用幽默技巧外，还要注意运用其他一些科学、正确的缓解和减压方式。专家建议，经常加班的工作者，应选择适当充足的睡眠，注意饮食规律，在进行体育锻炼时尽量选择一些强度小同时又愉悦身心的活动，如散步、跳舞等，从而达到平衡心态的效果。

3. 幽默面对工作中的困难

工作是我们赖以生存和发展的手段。工作中，我们有成功的欢乐，也有失败的酸楚；有晋职的喜悦，也有加薪的愉快。但更多的是人际关系的不协调，上下左右的不相容给我们带来的烦恼。如果运用幽默，我们的工作肯定会一帆风顺，卓有成效。

无论是在人事变动时被派到分公司，或转任较低职位的工作，都无须气馁颓丧。因为世事变化无常，就算被分至分公司，也是培养能力的大好机会。

某公司的职员从总公司被调至分公司服务。决定人事变动的经理以安慰的口吻对他说：

"你也用不着太气馁，不久以后，我们还是会把你调回总公司来的！"

那位被调的职员以第三者旁观的口气，毫不在乎地说道："哪里？我才不会气馁呢！我只不过觉得有像董事长退休时的心情而已。"

这才是一个能做精神上深呼吸的人，面对工作的调动，他不气馁，他懂得靠幽默来调节自己，从而能够使自己以良好的心态投入到新的工作中去。面对工作中的困难，我们除了要调节好自己的心态外，还能通过运用幽默与人分享笑，寻找一个共同的目标。

不论你从事的是什么行业，不论你是个生手或熟手，老板或属下，幽默都能帮助你与他人良好的沟通和交往，帮助你解决工作中的问题并顺利渡过困难的处境。

工作中，面对自己的成就不能骄傲自满，如果骄傲自满就会拉开你和别人的距离，使自己站在了所有人的对面，这时不妨运用幽默，调侃一下自己的荣誉和优点。

1950 年，当布劳先生被任命为美国钢铁公司董事长时，有人问他对这个新职位的感想。他不愿表示兴奋，也不准备庆祝一番。

"毕竟，"布劳先生说，"这不像匹兹堡海盗队赢了一场棒球。"

布劳先生的幽默以对，显示出他为人不骄傲不自夸，能以新的眼光看待自己的荣耀，强化了自我形象，也更能赢得别人的尊敬。

我们认为"谦虚是美德"，并不是说凡事都要过于谦让，不与人争。在靠着自己的才能取得工作成绩时，我们一方面要强调那只是"幸运"或"大家的帮忙"，另一方面也要用委婉的方式表明自己的努力也是取得成功的关键。必要时，甚至不妨幽默地吹嘘一番。

一位外语能力很强，兼通各国语言的人，他可以很幽默地自夸说："我可以用英语、法语、德语、西班牙语来保持沉默，可是一旦有话要说，则只说英语。"

乍听之下，好像他说的仅仅是很谦逊的话，事实上他幽默的话语中却充满着自信的自我宣传。有时候，对于工作成绩非常明显的人来说，即便是幽默的自我夸耀也是不必的，因为，他所做的一切都早已经在别人的眼里和心里了。这时候，他可以通过批评自己工作中的小失误的幽默方式来表现自己的谦虚，赢得员工、同事、上级等人的好感。

亨利在26岁时，担任了福特汽车公司的总裁，以前公司亏损严重，他上台后，大胆变革，扭亏为盈，虽然工作中也有许多小失误，但最终还是取得了很大成绩。

有人问他，如果从头做起的话，会是什么样子。他回答说："我看不会有什么非同寻常的作为，人都是在错误和失败中学到成功的，因此，我要从头来过的话，我只能犯一些不同的错误。"

亨利回避问话者的问话的重点，故意避开自己的成绩不谈，反而拿自己在工作中的失误做谈论的话题，给人谦虚和平易近人的感觉。

最后，还要注意，面对工作成就，你以幽默的方式表达出来的谦虚应该是一种发自内心的，真诚的表达。

4. 让老板笑口常开

老板与员工的关系，首先是一种领导与被领导关系，但是除此之外，双方还应该建立平等、和谐、友爱合作的关系。作为一个下属，在恰当的时间、场合，和老板开一个富有幽默情趣的玩笑，在搞好同老板的关系方面，可以收到非常好的效果。

不过，俗话说：伴君如伴虎。在个人关系上还需要主动与老板保持合适的距离，距离太远了不好，距离太近了也可能会很糟。

其实，让老板笑口常开不仅仅是找到工作之后的事情，在找工作的过程中，求职者就可以运用幽默的力量逗老板笑口常开。

找到一份称心如意的工作，是求职者最大的心愿，但求职不易，有时我们在苛刻挑剔的雇主面前一筹莫展。这时，何不借助幽默的魅力让面试你的老板笑一笑，这对你取得面试的成功必然会有助益。

一个人在外面找工作，他来到麦当劳。老板问他会做什么，他说我什么都不会，不过我会唱歌。

老板说你就唱一首试试，于是他就开始唱了："更多选择更多欢笑就在麦当劳！"

老板一听就乐了，接着问了他一些对麦当劳有什么了解之类的问题，最后，他被顺利录用了。

上面的例子中，求职者在面试中借助了幽默的力量，他首先就以唱歌的方式说出了麦当劳的广告语，表明了自己对麦当劳是很关注的，也有一定的了解。他在博得老板一笑的同时，获得了老板的好感。

工作太累的时候，难免会偷懒，这时候如果被老板看见了，你该怎么办呢？

有一个建筑工人在工地里搬运东西，每次只搬一点。工头不得不开口说话。

工头以严厉的口吻对他说："你想你是在做什么？你看看别人搬那样重的东西！"

"嗯哼，"工人说，"如果他们要懒到不像我搬这么多回，我也拿他们没办法。"

工头被他逗笑了。

工人以幽默的口气为自己的偷懒行为辩解，老板即使会批评他，也会比较随和，责罚也会比较轻。假如你对于装疯卖傻的演技颇有心得，无妨也在对您颇有微词的老板面前，以若无其事的态度告诉他下面的小笑话，且看他的反应又如何呢：

"幸好我已经娶老婆了。"

当然，你的老板无法了解你这一句话的意思，必定会一副茫茫然的样子，莫名其妙地看着你！

就在这时候，你可以不声不响像自言自语地对自己说："所以我现在才习惯别人对我的唠叨了……"

如果你能够微笑着说的话，你的老板也必会露出会心的一笑！而就在你表现出沉着的大家风范，且老板又似乎对你放松敌意时，就正好有机会使他改变对你以往的错误观念。

让你的老板笑口常开，你的工作就能进行得更加顺利。

5. 获得领导赏识的幽默术

勤奋工作的业绩是赢得荣誉的基础，而工作业绩的认可主要由上级领导决定，因此，能不能赢得上级领导的赏识、肯定和支持就决定着能不能获得荣誉。

对于许多职员来说，最大的苦恼莫过于工作努力，却得不到领导的赏识。美国人力资源管理学家科尔曼说过："职员能否得到提升，很大程度不在于是否努力，而在于老板对你的赏识程度。"那么，怎么才能脱颖而出呢？对上述问题很苦恼的人或是想要有一番作为的人，可以试试在领导面前化严肃为幽默的交流方法，或许有收获。

某公司开始实施销售业绩倍增计划时，主管召集下属严厉地训话："各位，现在是我们加油的时候了。从明天开始，早上七点半大家就要到这里集合。八点钟一响时，大家就要立刻向外去推销！"

大家都不满地抱怨时间太早。

这时有位凡事讲求效率和正确性的员工，不慌不忙地反问道："请问……是时钟开始敲八下时，还是敲完八下才往外跑？"

主管过于严格的要求可能会招致他人的不满，这时上面这位聪明的员工就使用幽默的语言把众人的注意力转移到自己的身上，使尴尬紧张的气氛重新轻松下来。员工的这个幽默既帮了主管的忙，又使主管看到他在较关键时刻的应变能力，从而使他获得主管的赏识。

领导不论身居什么样的要职，也都是人不是神，他一样会有普通人的喜怒好恶，也可能在个人喜怒好恶的支配下说出一些令人尴尬的话，做出一些有可能招致误解的举动。此时，下属应抓住人们对领导言行错愕不解的心理，采取适当的举动顺水推舟，把领导无意说出的过于直白、犀利的话朝幽默的方向引导，使人们认为领导在开玩笑，从而放松了紧张的情绪。这就让领导觉得你是和他站在一边的，你自然也就获得了领导赏识和信任。

要想获得领导的赏识，幽默有一定的作用，不过要想从根本上解决问题，还需要你对自己的客观情况进行深入思考。如果你工作得很辛苦，但却没有效率、没有成绩，则得不到领导的赏识也是可以理解的。

如果你的工作有成绩，同伴中谁都比不上你，还要考虑你的工作性质，是否属于那种经常加班、特别辛苦忙碌的工种，像文秘人员、勤杂人员等，该类人员在其他单位是否也如此。而如果以上情况都不是，那你就有必要另想办法来引起领导的注意，改变其错误的做法。假如仍然不起作用，你就要考虑离开该企业了，去寻找能实现你个人价值的工作单位。

6. 用幽默拉近与上司的距离

要消除与上司的距离感首先一定要把工作干好了，甚至做得十全十美，不要在上司感觉你是个没用的人，其次你要在关键时刻能够助领导一臂之力。大多上司都是有文化之人，要是想拉近语言间的距离，你在语言的技巧中要下些功夫，一般说来，幽默语言的效果应该不错。

职员："经理，您实在是喜欢工作的人！"

经理："我正在玩味这句话的含意。"

职员："因为您一直都在不辞辛苦地、细致入微地关注着我们，看我们是不是正在努力为企业创造财富。"

职员通过开经理的玩笑，拉进了同经理之间的距离，何况经理也是一个幽默的人。与上司开玩笑还要注意把握好时机。最好时刻留意能够和上司面对面谈些风趣俏皮话的时机，比如两人并列在一起方便或洗手时更加机不可失。同时，那种时候也是你们日后能够说悄悄话，当上司心腹的大好时机。另外，幽默地"冒犯"上司也是拉近双方距离的好办法。

美国前总统柯立芝就曾因为自己的沉默和严谨而被人用幽默的方式"冒犯"过。

有一次他去华盛顿国家剧院观看戏剧演出。当看了一半的时候，他就打瞌睡了。演员马克停下歌唱，走到前面，朝总统喊道："喂，总统先生。是不是到了您睡觉的时间了？"总统睁开眼睛，四下里望望，意识到这话是冲着自己来的。他站起来，微笑着说："不。因为我知道我今天要来看您的演出，所以一夜没睡好，请继续唱下去。"

这则幽默对话，表现了演员的直言不讳和幽默，也表现了柯立芝总统所具有的幽默感。演员根本没有开罪总统，相反，倒成了总统的好朋友。由此可见：以下犯上的幽默使用得适时适度，往往能够拉近与上司的距离，赢得上司的理解和信任。在使用这种以下犯上幽默技巧时，利用贬谪，再以下一阶段的奉承做鲜明的对称，即可使其效果倍增。

"经理，你对酒家那个女孩太过分了吧！真是太过分了！让那种女孩子眼泪汪汪的，真是男人的奇耻大辱啊！不过，您也实在厉害呀！经理。"

这表面上虽是一句贬谪的话语，但实际上却是赞赏的好话："经理实在是个高手呀！"这就是明贬暗褒的奉承话。

幽默可以帮助我们拉进与上司的距离。不过生活中任何事情都不是绝对的，与上司之距离的远近也同样如此，这种距离不可太远也不可太近。如果一个人不认认真真地做好本职工作，成天围着上司转，说好话、空话，刻意拉近关系；或对上司敬而远之，等着上司给你安排工作，像个提线木偶一样，上司拽一下，你才动一动，无形中疏远了上司，都是不可取的。

7. 用幽默树立办公室里好人缘

幽默是一种最生动的语言表达方法，与幽默的人相处，谈话是一件非常有趣的事。在工作中与同事发生矛盾，如果这时以幽默调节，事情就很可能很快得以解决。如果你需要用幽默来改善同事们对你的态度，你可以利用幽默的妙语来表明你的观点。

陈鹏在一个会计部门任职员。有一次发薪水的时候，他竟然收到了一个空的薪水袋。他没有气得暴跳如雷，也没有破口大骂。他只是去问发薪部门的人说："怎么回事？难道说我的薪水扣除，竟然达到了一整个月的薪水了吗？"当然，陈鹏得到了补发的薪水。

陈鹏表现了对同事偶犯的错误持一种宽容的态度，而不把它看成一件了不得的事情，批评斥责同事的愚蠢。他以自己的幽默与同事分享了轻松愉快的果实。

我们如果不能领略到别人的幽默对自己的裨益，也就不太可能以自己的幽默来激励别人。为了表现我们重视别人所带给的好处，应该时时保持乐观的态度，同别人一起欢乐。

一位男士对即将结婚的女同事打趣地说："你真是舍近求远。公司里有我这样的人才，你竟然没发现！"她的女同事开心地笑了。

对上面这位男士的玩笑，女同事没有说他轻浮，反而感激他的友谊和对自己的欣赏。笑的热流流淌在两性之间，总是使人觉得弥足珍贵。当同事期望太多、要求太多之时，我们还是可以用幽默表达我们不同的意见。

使用幽默语言的人，大都有温文尔雅的语气、亲切温和的处事态度。这样的幽默才使人感到轻松自然。

如果你已经利用幽默来帮助你取得成功，你也就能对挫折一笑置之，关心爱护同事，经常和同事开一些雅俗共赏的玩笑，更重要的是以轻松的心情面对自己，而以严肃的态度面对自己的工作，你就会发现，你在办公室里获得了好人缘。

8. 委婉表达对同事的意见

在工作中，同事之间容易发生争执，有时搞得不欢而散甚至使双方结下芥蒂。发生了冲突或争吵之后，无论怎样妥善地处理，总会在心理、感情上蒙上一层阴影，为日后的相处带来障碍，最好的办法还是尽量避免它。我们可以委婉表达对同事的意见，运用幽默的方式避免与同事"交火"。

有一家公司的餐饮部，伙食很差，收费却很贵，职员们经常抱怨吃得不好，甚至还骂餐厅负责人。

有一回一位职员买了一份菜后叫起来。他用手指捏着一条鱼的尾巴，从盘中提起来，向餐厅负责人喊道："喂，你过来问问这条鱼吧，它的肉上哪儿去啦?!"

当我们对同事所做的事情有不同意见时，我们可以以开玩笑的方式轻松、坦诚地进行表达，这样既能使同事认识到他们的错误，而又不至于伤害同事之间的感情。中国人常用这么一句话来排解争吵者之间的过激情绪：有话好好说。这是很有道理的。据心理学家分析，措辞过于激烈武断是同事之间发生争吵的重要原因之一，因此，我们在对同事的某些做法不满时，要善于克制自己，委婉地表达自己的意见。

如果你面对的是一位不合作的同事，首先要冷静，不要让自己也成为一个不能合作的人。宽容忍让可能会令你一时觉得委屈，但这不仅表现你的修养，也能使对方在你的冷静态度下平静下来。心胸开阔是非常重要的。任何人都会出现失误和过错，对别人无意间造成的过错应充分谅解，不必计较无关大局的小事情。

同事之间有了不同的看法，最好以商量的口气提出自己的意见和建议，语言得体是十分重要的。应该尽量避免用"你从来也不怎么样……""你总是弄不好……""你根本不懂"这类绝对否定别人的措辞。而对同事的错误采用幽默的方式来指出，不但具有幽默的意境，而且会在气氛和谐中收到事半功倍之效。

一个女员工星期一上班迟到了。男员工问她："小姐，星期天晚上有空吗？"

"当然有，先生！"姑娘乐了。

"那就请您早点睡觉，省得您每个星期一早上上班迟到！"

男员工对女员工的提醒是善意的，又以幽默委婉的方式表达出来，使女员工更容易接受。每个人都有自尊心，伤害了他人的自尊心，必然会引起对方的反感。即使是对错误的意见或事情提出看法，也切忌嘲笑。

幽默的语言能使同事在笑声中思考，而嘲笑却使人感到含有恶意，这是很伤人的。真诚、坦白地说明自己的想法和要求，让同事觉得你是希望得到合作而不是在挑他的毛病。同时，要学会聆听，耐心、留神听同事的意见，从中发现合理的部分并及时给予肯定或表示同意见。这不仅能使同事愿意和你接触，也给自己带来思考的机会。如果双方个性修养、思想水平及文化修养都比较高的话，做到这些并非难事。

如果领导者与下属建立一种互相信任、互相尊重的伙伴关系，双方产生矛盾的机会就比较小，即使产生矛盾也比较容易解决。这样，作为一个领导者，你会发现很多事即使不亲力亲为，也能做好工作，因为你不是一个人在作战，所以你不会很辛苦。

领导者要平等地对待下属，克服因权力、地位的不同造成的偏见，对员工关心爱护、和蔼，与下属打成一片，缩短与下属心理和情感上的距离，这样可以产生更强的亲和力，更容易获得下属的尊敬与认同。

9. 幽默让你显得平易近人

克雷夫特公司总裁毕尔斯认为："幽默感是衡量一个领导者是否具有活泼、弹性心智的重要标志。有幽默感的人通常不会把自己看得太重要，而且比较能做出好的决策。"

有一次，美国 329 家大公司的行政主管参加了一项幽默能力的调查。由一家业务咨询公司的总裁霍奇先生主持此项调查，结果发现：97％的主管人员相信：幽默在商业界具有相当的价值；60％的人相信：幽默感能决定一个人事业成功的程度。

各行业人士都对幽默的作用给予很高的评价，工商业界高阶层的领导人更是借助幽默来改变他们在职员心目中的形象，改善大家对整个公司的看法。每一阶层的领导人和经理在建立与下级的良好关系上，也都转而向幽默求助。他们都希望下属把他们看成有亲和力的上级。下面是一个下属对他的老板的看法：

"我的老板，是一个报纸发行人，他是世界上最富有幽默感的人之一。"杰米说，"他经常用一些幽默风趣的语言给我们讲一些笑话，以此来拉近与我们的距离，活跃办公室的气氛，我们大家都非常喜欢他。为了收集更多的笑料，他在办公室里设了一个建议箱，很多笑话他都是从这个建议箱里得到了灵感。他太喜欢自己的笑话了，常常花很多时间去编撰。"

"他常常去开这个箱子，然后滔滔不绝地说：'这个建议箱真不错，是用上好的松木做的。你可以从洞里看出是多节的松木，你可以看到洞里风光。但是底部没有洞，你看不到地板风光。'"

从中我们可以看出杰米的老板是多么渴望在下属心中树立起他幽

默、容易亲近的形象。其实,不管这位老板的做法能不能取得大的成效,只要他心中有一种和员工亲近、交流的想法,相信他一定能与员工达到良好的沟通,建立一种和谐的关系。同上面那位老板相比,下面这个故事中主管的做法更为高明。

艾科是某大公司中一个部门的主管。身为经理,他心理上的问题是:"我这部门里的人真正喜欢我吗?"幸而艾科有幽默感,并把他的幽默感运用到与员工融洽感情上。我们来看看发生在圣诞节期间的一件小事:

艾科去开一项业务会议回来,发现他属下的职员们聚在办公桌旁,哼唱着韩德尔的神曲《弥赛亚》中的一段——哈利路亚大合唱。由于他的出现促使每个人匆忙奔回工作岗位。

但是艾科没有皱眉头表示不悦,也没有大声责骂,只是说:"刚刚好像听到弥赛亚来了。大家怎不请他等我一下?"

艾科通过幽默的方式让职员感受到他是容易亲近的。

《芝加哥论坛报》工商专栏的作家那葛伯,也曾经访问了很多家大公司的主管人员,而后整理出几位高级经理人员的做法,发现愈来愈多高阶层的领导人,希望他们在同事和大家眼中的形象更人性化一些。这些领导人鼓励我们一同笑。不过有的时候,老板的讲话方式不妥也会使部下很不愉快。这就是造成彼此对立的一个原因。因此,老板不应当仅仅看到部下的工作情况和成绩,还应当了解他们内心的烦恼。老板讲话时要极为慎重,注意不要伤害部下的感情。

10. 幽默能彰显你管理的人性化

有人说做职员容易做管理者难,管得轻了效果不佳,管得重了会引起员工的反感,看来要做一个好的管理者确实不太容易。在此我们给管理者们提供一个对员工进行人性化管理的方法，那就是幽默的管理方法。

身处高位的企事业负责人，在人们的心目中往往有一种高不可及的印象，而有远见的高层人士往往希望运用幽默力量来改变他们在公众之中的形象，改善大家对他所领导的公司的看法。而这种形象的树立，就是建立在高层领导人借助幽默对下属进行人性化管理的基础之上的。

有家公司为了提高主管们人性化管理的水平，特别为主管们安排了有关"沟通"的培训课程。

上了一个星期课之后，有位主管在责备老是严重迟到的一个部属时，挖空心思，想在骂他的时候又能保住他的面子。

他把这个部属找来，面带笑容地对他说："我知道你迟到绝对不是你的错，全怪闹钟不好。所以，我打算送一个人性化的闹钟给你。"

这个主管对部属挤了挤眼睛，故作神秘地说："你想不想听听它是怎么人性化的？"

下属点点头。

"它先闹铃，你醒不过来，它就鸣笛，再不醒，它就敲锣，再不醒，就发出爆炸声，然后对你喷水。如果这些都叫不醒你，它就会自动打电话给我帮你请假。"

上级在对下属进行管理中，批评与责备有时是必要的，不可缺少的。然而，事实上，一贯的指责和批评很难使自己的下属欣然接受批评，也难以取得好的管理效果。鉴于此，如果在管理中采用夹带着浓厚幽默语言的人性化批评，通过满面的笑容来进行管理，那就冲淡了批评与责备的意味，在说者有意，听者有心的情况下，保全了对方的自尊，也达到了管理的目的。

有一位叫 K 的年轻人，他所在公司的经理对下属非常严厉，公司员工都叫他"雷公"。

有一天 K 从外面回来，看到经理位子是空的，以为他不在，就对同事说："'雷公'不在吗？"

说完发现屏风另一边，经理正与客户谈生意。经理听到了他的话，K 坐立不安，以为大祸临头。客户走后，经理来到了 K 身边，K 惊恐地向经理道歉。没想到经理微笑道："我们的雷公并不一定夏天才会响的。"

K 听了这句话，比平常挨骂效果好上百倍。经理也通过幽默改变了在员工中的形象。

K 的经理改变以前严厉的管理风格，尝试使用带有幽默感的人性化管理方法并取得了良好的效果。

作为领导，当你运用幽默的力量去管理下属时，你会发现不仅你的意见更容易被下属接受，而且也能使下属更自由地发挥创意的进取精神。幽默力量能改善你的将来——因为你的属下或同事会认同你，感谢你坦诚相待，以及分享笑声、轻松面对自己的能力。

美国前总统柯立芝有一位漂亮的女秘书，人虽长得漂亮，但工作中却常粗心出错。一天早晨，柯立芝看见秘书走进办公室，便对她说："今天你穿的这身衣服真漂亮，正适合你这样年轻漂亮的小姐。"

这几句话出自柯立芝口中，简直让秘书受宠若惊。柯立芝接着说："但也不要骄傲，我相信你的公文处理也能和你一样漂亮的。"果然从那天起，女秘书在公文上很少出错了。

后来，一位朋友知道了这件事，就问柯立芝："这个方法很妙，你是怎么想出来的？"柯立芝得意洋洋地说："这很简单，你看见过理发师给人刮胡子吗？要先给人涂肥皂水，为什么呀，就是为了刮起来使人不痛。"

对下属进行人性化的管理，你将会受益无穷。